Tasty Food
食在好吃

大厨教你
花小钱做大菜

杨桃美食编辑部 主编

江苏凤凰科学技术出版社

图书在版编目（CIP）数据

大厨教你花小钱做大菜/杨桃美食编辑部主编 . ——
南京：江苏凤凰科学技术出版社，2015.8（2019.4 重印）
（食在好吃系列）
ISBN 978-7-5537-4485-8

Ⅰ.①大… Ⅱ.①杨… Ⅲ.①菜谱 Ⅳ.
① TS972.12

中国版本图书馆 CIP 数据核字 (2015) 第 091489 号

大厨教你花小钱做大菜

主　　　编	杨桃美食编辑部	
责 任 编 辑	张远文　　葛　昀	
责 任 监 制	曹叶平　　方　晨	

出 版 发 行	江苏凤凰科学技术出版社
出版社地址	南京市湖南路 1 号 A 楼，邮编：210009
出版社网址	http://www.pspress.cn
印　　　刷	天津旭丰源印刷有限公司

开　　　本	718mm×1000mm　1/16
印　　　张	10
插　　　页	4
版　　　次	2015年8月第1版
印　　　次	2019年4月第2次印刷

标 准 书 号	ISBN 978-7-5537-4485-8
定　　　价	29.80元

图书如有印装质量问题，可随时向我社出版科调换。

　　随着社会经济的发展和饮食文化的不断丰富，个人的饮食要求也在不断提高。蔬菜、肉类、海鲜等，不再是煮至入味即可，善于运用各种调料搭配食材、配料一同烹饪，将食材的色、香、味发挥到淋漓尽致，做出丰富多彩、各具风味的菜色，方可满足人们的饮食需求。

　　由于个人烹饪技术的限制，再加上烹饪异国菜肴时调料的缺乏，使得自己做出来的菜总是不对味。所以想要吃上美味可口的饭菜，大多数人会选择去餐馆享用，不论是经典的中式佳肴，还是别有风味的韩式菜、日式菜等他国珍馐，似乎都能找到符合自己口味的菜色。

　　下班后直接去餐馆用餐，或者一到节假日就带着家人、朋友去餐馆享用美食，虽然很方便又能满足口腹之欲，但是时常去餐馆吃饭似乎很不现实。这样不但会增加个人的经济负担，所享用的食物健康也不能得到保证，有些餐馆为了让食物更加入味好吃，会加较多的香辛料调味，长期过量食用不利于人体健康。

　　为何不自己在家学习制作各种美味菜色呢？将家常菜做出餐馆味，既能节约日常饮食开销，又能吃得健康美味，何乐而不为。

　　首先得要丰富家中厨房的调料，从传统的油盐酱醋，到番茄酱、沙拉酱、乳酪酱、味噌酱，再到带有浓郁风情的意大利综合香料、韩式泡菜汁等，为制作堪比餐馆菜美味的菜品做好基础工作。而不是只会用一些简单、易做的食材和屈指可数的普通调料，烹饪出味道、色相较平凡的家常菜色。

　　其次，掌控好从食材选购到食材烹饪的整个环节，以降低食材购进成本、选择新鲜度较高的食材、确保食材处理得干净利落，从而营造出健康的饮食氛围。然后依据个人口味需求，选择合适的烹饪方式，并掌握烹饪的关键步骤，一道拥有餐馆味的家常菜就能轻而易举地做出来了。烹饪过程中，若再加上些许创意，多种美味菜肴就可以信手拈来。

　　那么，如何买到既便宜又新鲜的食材呢？本书会教您便宜购菜的几大秘诀，如一次性购买可长期保存和多次使用的食材，以大量购进的方式减少成本；购买蔬菜时，尽量选购当季蔬菜，供应量大、新鲜、价格低廉；购买风味相同的替代食材，例如选购墨鱼头代替墨鱼肉制作鱼丸，口味相同，但价格却便宜许多。另外，烹饪的时候，还可通过添加配菜的分量，来节省整道菜的制作成本，不仅风味口感不受影响，菜色看起来也更加丰富。

　　对于食材新鲜度的辨别，本书对不同种类食材的辨别方法分别做了详细介绍，如肉类、海鲜类、蔬菜类、豆制品类等。根据食材的不同性质，选购新鲜度较高的食材，为菜品烹饪增加风味，也为个人饮食提供健康保证。

　　当然，并不是冷冻品就表示不新鲜，很多食材，尤其是海鲜类食材，以冷冻品居多，它们大多数是在新鲜的情况下入冷库冰冻，目的是为了保持新鲜度。而且，很多冷冻食材比新鲜食材便宜，如冷冻虾比新鲜的白虾价格低，对于做油炸类等要求不高的烹饪，可以选用冷冻品代替。

　　根据本书介绍的多种美味菜色做菜，等同于餐馆大厨在家亲自指导，不仅教您如何从选购到烹饪，以低成本在家完成肉类、海鲜类、蔬菜类、鸡蛋豆腐类食材的美味蜕变，还教您如何将家庭菜做出餐馆菜的美味，既划算又健康，是一本不可多得的美味菜谱书。

Contents | 目录

大厨教你便宜做好菜

PART 1
百吃不腻之肉类篇

PART 2
鲜味十足之海鲜篇

PART 3
清淡可口之美食篇

单位换算

固体类 / 油脂类
1茶匙 = 5克
1大匙 = 15克
1小匙 = 5克

液体类
1茶匙 = 5毫升
1大匙 = 15毫升
1小匙 = 5毫升
1杯 = 240毫升
1碗 = 250毫升

大厨教你
便宜做好菜

经常在餐馆吃饭，既贵，健康又不能得到保证，往往是花上几百块还吃不饱，就算填饱了肚子却伤了荷包。

其实想要吃餐馆菜，不一定非要去餐馆。按照本书介绍的多种特色烹饪方法，自己在家也能做出美味佳肴，即使是一盒鸡腿、一块五花肉、一个圆白菜、一把几元的青菜，都能成为您餐桌上美味的主角。还有日常平价食材，您只要掌握几点转变技巧，即可将其变身为"昂贵食材"，烹饪出的菜肴口感与外观，与使用昂贵食材烹饪不相上下。

本书介绍了近200道低成本的美味菜谱，除了一直受大众欢迎的经典快炒菜品外，还包含了各式餐馆的拿手好菜，是一本经过餐馆大厨指点的精美菜谱书，让您轻松上手，在家也能掌握餐厅大厨的手艺，做出各式美味佳肴。

花小钱做好菜的采购秘诀

秘诀 1:
采购当季蔬果食材，既美味又省钱

想要吃得好，又要经济实惠，在选购食材的时候，可尽量挑选当季的蔬菜、水果，不仅数量较多，而且足够新鲜，价格又实惠。

秘诀 2:
发挥创意，研究新菜色

研发新的菜品，也是省钱的一大窍门。如餐馆中常见的清炒圆白菜，加了点虾米一起翻炒，味道尝起来就不一样，或是做个圆白菜丝煎饼，又是一道新菜。 在家变着花样做菜，品尝食材的不同风味，让您永远吃不腻。

秘诀 3:
根据需求选择去哪儿购买食材

许多人都觉得菜市场可以议价，而超市的商品经过了包装，价格会比较贵。其实不然，超市因为通常是大量进货，反而可以将食材的成本降低，销售价格也相应变低。而且有些即将到保质期的肉类，也会打折出售，所以有时在超市买菜反而更便宜。菜市场的好处则是较有人情味，有时买海鲜还会送香料或生姜，运气好的时候，也能省钱，所以在采购前不妨考虑一下需求，再选择购买的场所。

秘诀 4:
采购能长期保存和多次使用的食材

叶菜类的蔬菜容易因气候变化而造成价格波动，建议可多买价格波动较小的根茎类蔬菜或豆芽等，这些蔬菜不仅一年四季都常见，而且价格低廉、易于保存。其中，洋葱、白萝卜、土豆等，都是常见的根茎类蔬菜，不仅营养价值高、价格便宜、存放时间久，而且搭配上不同的食材，口味也不同。就算一次采购得多一点，只要妥善保存，也不会像叶菜类或生鲜类食材容易失去营养成分。

秘诀 5:
列出购物清单，避免购买过多不需要的食材

在采购前，可以依据烹饪菜肴所需的食材、用餐人数，预先列出食材购买清单，这样做不仅能有效控制食材的购买预算，也不会因一时兴起，而不小心采购过多不必要的食材，造成浪费。

秘诀 6:
善用价格低、易取得、好搭配的食材做菜

除了青菜、肉类和海鲜类食材，选用既便宜又常见的鸡蛋或豆腐等食材，不仅可运用煎、煮、炒、炸等各类方式烹调，还可搭配其他食材，轻松做出独具风味的菜色。哪怕只是一道简单的西红柿炒鸡蛋或红烧豆腐等，都可能是餐馆菜单上常见的美味菜肴，在家自己做，价格便宜又可以轻松完成。

食材新鲜度的辨别方法

肉类食材

　　烹饪肉类食材建议使用肉馅和肉丝，买回来时可以先分装（每份2～3大匙）、再压扁，然后放入冰箱冷冻保存，这样烹饪前拿出来就很容易解冻。热炒时，要以大火快炒，以免肉质过老。

　　● 购买猪肉时，以瘦肉部分呈现粉红色，肥肉部分为洁白色，猪肉表面没有白色颗粒，闻起来没有腥味者较新鲜。如果肉色苍白，摸起来湿湿的、没有弹性，或是肉质紧密干燥并呈现暗红色，表示此猪肉不新鲜，不要选购。

　　● 选购猪肠时，以外表光滑、颜色微带肉色者较新鲜。

　　● 选购牛肉和羊肉时，以肉色鲜红、有光泽，肉质有弹性，切面坚实、呈现红色，用手指按压后不留指印者较新鲜。如果有脂肪，脂肪应呈现奶油白色。而牛肉的油花，以呈现大理石纹路为最好。

　　● 购买鸡肉时，以鸡皮呈现淡黄色且光亮有弹性，毛孔突起，肉质粉嫩结实、有光泽，脂肪分布均匀，瘦肉多且不渗血水者较新鲜。若肉色较白，且有异味者，表示已不新鲜，不应购买。

海鲜类食材

　　● 购买鱼类时，以鱼眼凸出，清澈透明，光亮饱满；鱼鳞整齐，紧贴鱼体，有光泽，用手拉不易脱落；鱼鳃色泽鲜红；鳃盖和鱼嘴均闭合；鱼腹以手指按压，有滑腻、结实感，且富有弹性，没有胀大现象者较新鲜。而若发现鳞片没有光泽，容易脱落；眼珠凹陷；鱼鳃呈灰红色或淡棕色；鱼腹以手指按压时，不易复原的鱼类，表示已不新鲜，不要购买。

　　● 购买螃蟹时，以外壳鲜艳，背壳纹理清晰有光泽，腹部甲壳和中央沟的部位色泽洁白，肢体连接紧密者较新鲜。

　　● 购买虾时，以虾壳有光泽，并呈现青色或青白色；虾头紧连虾身者较新鲜。所以，当您翻虾壳时，如果其不易翻开，表示此虾较新鲜。

　　● 购买贝类时，以外形完整没有破损，没有腥臭味者较新鲜。

　　● 购买鱿鱼、墨鱼等软体头足类时，以皮膜组织完整、有光泽，肉质紧实有弹性，眼睛明亮突出，身体有透明感者较新鲜。

　　● 购买牡蛎时，以肉质边缘乌黑，肉身丰满柔软、汁液清澈，没有异味者较新鲜。

蔬菜类食材

蔬菜的种类很多，在采购时应当购买当季的蔬菜，价格便宜，又新鲜、健康。另外，挑选蔬菜的时候，以外观完整且没有伤痕者为佳。

● 购买叶菜类蔬菜时，以叶子鲜绿没有枯黄，菜梗幼嫩者较新鲜。

● 购买豆芽时，可以先闻闻看有没有药水味，且不要选择过白、过粗者，因为有些店家为使其颜色洁白，会放入化学荧光剂类的东西，购买时要注意。

● 购买瓜类时，以表面完整，有重量者较新鲜。例如购买苦瓜、小黄瓜等。

关键提示

储存时

为了食用的蔬菜最新鲜，不要一次购买太多，也不要让蔬菜在高温的屋内或是阳光能晒到的地方放置太久，若不是当天食用，可放入冰箱保存。通常比较耐贮藏的蔬菜有胡萝卜、土豆、洋葱、南瓜等，而小黄瓜、冬瓜、空心菜、苦瓜、西红柿等蔬菜，保存时间只有3～4天。

烹调前

烹调蔬菜类食材之前，为了避免有农药残留，一定要多清洗几次，或是用干净的水浸泡一段时间后，再洗净、烹调。

其他食材

● 选购鸡蛋时，以蛋壳粗糙、完整，蛋身较重者较新鲜。保存时，将鸡蛋大头朝上，再放入冰箱冷藏，记住尽量不要放在味道较重的食材附近。

● 选购咸鸭蛋时，可对着光源观察，以蛋黄呈现橘红色、浑圆状，蛋清明亮者较新鲜。保存时，放入冰箱冷藏即可。

● 选购皮蛋时，以没有破裂、斑点、流汁、发霉现象，有完整包装，且有优良皮蛋认证者较新鲜。保存时，放入冰箱或于常温下保存均可。

● 选购豆腐时，以表面没有粘黏感，形状完整，无酸、臭味者较新鲜。

● 选购豆干时，以外形方正，有弹性，带有豆香而无豆腥味，掰开后断面平整、均匀者较新鲜。

● 选购虾米时，以闻起来有股淡淡的虾米香，摸起来干燥者较新鲜；若味道不正，且摸起来湿湿的，则表示已不新鲜。另外，需要注意的是，色泽越鲜艳的虾米，不一定就是新鲜的。

● 选购干香菇时，以闻起来有香菇香气，看起来大小差不多、菌帽肉厚，摸起来干燥不湿润者较新鲜。

平价食材如何化身高档菜谱

所谓"人要衣装，佛要金装"，将唾手可得的平价食材经过小小地转变，便可化身为"高档食材"，从而烹饪出一道道高档美味的佳肴，让您花较少的钱，做出各种高级菜色。

变身高级蟹黄

品尝心得

胡萝卜泥经过简单处理与炒制后，虽然与蟹黄的外观非常相似，但是食用时的口感仍然少了蟹黄的那股鲜甜风味。但胡萝卜泥处理过后的颜色，却也替很多菜肴增色不少。

美味评价 外观 ★★★★
口感 ★★★

变身千元乌鱼子

品尝心得

乌鱼子在经过煎烤后，尝起来的味道带有淡淡的咸蛋黄香气，但是搭配白萝卜与蒜苗一起食用时，能借由蒜苗的辛香气，盖过咸蛋黄的味道，让乌鱼子的香气与口感达到满分。

美味评价 外观 ★★★★
口感 ★★★★

变身美味干贝

品尝心得

杏鲍菇的口感较扎实，经过简单处理后，外观与干贝相当接近，但是尝起来仍然与干贝的风味有些差异。但是用处理后的杏鲍菇做高级菜肴，可以增添餐桌菜色的质感。

美味评价 外观 ★★★★
口感 ★★★

变身昂贵鱼翅

品尝心得

假鱼翅加入一些调味料煮沸后，不论是口感还是外观，与真正的鱼翅都极为相似。在食用这道菜肴时，可以加入红酒醋，风味更佳。

美味评价 外观 ★★★★
口感 ★★★★

变身顶级鲍鱼

品尝心得

使用墨鱼制作出的鲍鱼，经过浸泡酱汁的手法，竟然让墨鱼在外观与口感上都与鲍鱼极为相似，可说是相当成功的一道美味菜肴。

美味评价 外观 ★★★★
口感 ★★★★

变身高档燕窝

品尝心得

银耳尝起来口感冰凉，还带有莲子的清香，入口的滑嫩和那切成细末仍略脆的口感，与真正的燕窝口感差不多，而且又环保，胶质含量也不比真的燕窝低，是一道值得推荐的菜肴。

美味评价 外观 ★★★★
口感 ★★★★

变身高级蟹黄

材料

胡萝卜150克，蛋清2大匙，淀粉1/2大匙，
色拉油适量

做法

❶ 胡萝卜洗净、削皮，磨成泥后放入碗中，
加入淀粉一起拌匀，再加入蛋清一起搅拌
均匀，备用。

❷ 起锅，待锅烧热后，放入适量色拉油，再
放入拌有淀粉的胡萝卜泥炒成蟹黄状后，
捞出沥干即可。

蟹黄烩芥菜

材料

变身高级蟹黄1大匙，干贝3个，芥菜600克，
蒜末10克，姜末5克，高汤150毫升，
水淀粉少许，色拉油1大匙，水1500毫升

调料

米酒1大匙，香油少许，盐、鸡精各1/2小匙

做法

❶ 将干贝放入碗中，加入米酒及水一起拌匀
后泡软；芥菜洗净、切块、烫熟，再泡入
冰水中，备用。

❷ 将泡软的干贝放入电饭锅中蒸约20分钟，
取出放凉后剥丝，备用。

❸ 起锅加色拉油烧热后，放入蒜末、姜末一
起爆香，再放入高汤、水及剩余调料煮匀
后，放入干贝丝、芥菜块一同煮沸，接着
以水淀粉勾薄芡，最后放入变身高级蟹黄
拌匀即可。

变身千元乌鱼子

材料
咸鸭蛋黄10个，鱼卵80克，淀粉少许

调料
米酒、蚝油各1小匙

做法

❶ 取碗，将咸鸭蛋黄放入碗中压碎后，加入所有调料及淀粉一起拌匀。

❷ 再将鱼卵放入碗中一起搅拌均匀后，搓揉成长条状再压扁成片状，以保鲜膜包起，即完成一份千元乌鱼子。

蒜苗乌鱼子

材料
变身千元乌鱼子1份，蒜苗150克，
白萝卜200克，色拉油少许

调料
米酒少许

做法

❶ 蒜苗洗净切片；白萝卜洗净去皮后切片；变身千元乌鱼子抹上米酒，备用。

❷ 起锅，待锅热时，放入少许色拉油，再放入抹有米酒的变身千元乌鱼子，以小火煎熟后切片，备用。

❸ 取盘，于盘中铺上白萝卜片，再于每片白萝卜上摆放变身千元乌鱼子片，最后放上蒜苗片即可。

变身美味干贝

材料

杏鲍菇约25克，姜片3片，柴鱼片10克，水500毫升

调料

盐、鸡精各1/2小匙

做法

❶ 将杏鲍菇洗净、切圆片，备用。

❷ 起锅，放入水、姜片、柴鱼片一起煮沸后，加入杏鲍菇片，再加入所有调料共煮入味，最后将杏鲍菇片捞起沥干即可。

白玉带子

材料

变身美味干贝8个，丝瓜300克，嫩豆腐1盒，虾仁8只，葱丝、香菜段、辣椒丝各少许，水淀粉少许，淀粉适量，高汤50毫升

调料

酱油1大匙，鸡精1/2茶匙，白糖少许，香油少许

做法

❶ 丝瓜洗净沥干，削皮切圆柱状，再用模型将中间压洞；嫩豆腐以模型压成圆柱状。

❷ 向丝瓜中间放入嫩豆腐柱后，于嫩豆腐上抹上淀粉，再放上变身美味干贝1个，于干贝上也抹上淀粉，接着放上虾仁，虾仁背上也抹上淀粉，最后放入蒸锅蒸15分钟。

❸ 起锅，于锅中放入高汤，再放入所有调料（香油除外）一起煮沸，以水淀粉勾薄芡后，加入香油拌匀，淋在蒸好的食材上，最后撒上葱丝、香菜段、辣椒丝即可。

变身昂贵鱼翅

材料
假鱼翅50克，姜片3片，葱10克，高汤300毫升

调料
盐、鸡精各1小匙

做法
❶ 将假鱼翅放入水中泡至膨涨；葱洗净切段，备用。

❷ 起锅，于锅中放入高汤、姜片及葱段一起煮沸。

❸ 再加入所有调料及泡好的假鱼翅煮沸后熄火，浸泡约15分钟后捞去葱、姜，即成鱼翅。

白菜鱼翅羹

材料
昂贵鱼翅、猪肉丝各100克，竹笋丝80克，
白菜300克，香菇5朵，虾米15克，鱼板6块，
蒜末、香菜、鲳鱼各10克，葱末、姜末各5克，
高汤600毫升，水淀粉少许，色拉油适量

调料
盐、鸡精、冰糖各1小匙，陈醋1大匙，
胡椒粉少许，香油少许

做法
❶ 白菜洗净切片；香菇泡软后洗净切丝；鱼板洗净切丝。

❷ 起锅烧热后加油，放入鲳鱼炸酥后取出、压碎。另取锅放入2大匙油，再放入蒜末、葱末、姜末爆香后，放入香菇丝及虾米炒香。

❸ 再放入猪肉丝稍翻炒，加入白菜片、鲳鱼碎翻炒至白菜软熟后，加入竹笋丝、鱼板丝及高汤煮至沸腾，最后加入所有调料（香油除外）与昂贵鱼翅共煮入味，再以水淀粉勾薄芡后，淋上香油、撒上香菜。

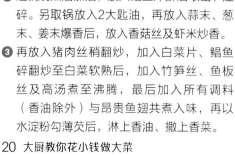

变身顶级鲍鱼

材料

墨鱼约50克，葱10克，姜片3片，水1000毫升

调料

酱油6大匙，蚝油2大匙，米酒3大匙，冰糖1大匙

做法

❶ 将墨鱼洗净后沥干；葱洗净切段，备用。

❷ 将洗净后的墨鱼放入沸水中稍汆烫，即捞起沥干。

❸ 起锅，放入葱段、姜片、水及所有调料一起煮沸，再放入汆烫后的墨鱼以小火煮约15分钟熄火，放凉。

❹ 待汤汁变凉后，将墨鱼捞起切片，再放回汤汁中浸泡约1小时，即完成1份变身顶级鲍鱼。

海参烩鲍鱼

材料

变身顶级鲍鱼片1份，生菜300克，胡萝卜片20克，海参1只，香菇6朵，甜豆50克，竹笋片30克，蒜末、姜末各5克，高汤150毫升，水淀粉少许，色拉油2大匙

调料

蚝油1大匙，鸡精、盐各1/2小匙，白糖1/3小匙

做法

❶ 海参洗净后切片；生菜洗净后烫熟。取一大碗，于碗中铺入保鲜膜，排入变身顶级鲍鱼片，再铺入生菜后压紧，然后扣入盘中。

❷ 起锅烧热后加油，爆香蒜末及姜末，加入香菇炒香，再加入甜豆、竹笋片、胡萝卜片、海参片稍翻炒，接着加入高汤及全部调料煮至入味，最后以水淀粉勾芡、淋入盘中即可。

变身高档燕窝

材料

银耳30克，水500毫升

做法

❶ 将银耳洗净，泡水约15分钟至膨涨后捞起，去除蒂头后切细末，备用。

❷ 将银耳末放入碗中，再加入500毫升水拌匀，然后放入电饭锅蒸约50分钟（外锅加2杯水），待开关跳起后续闷5分钟，即可取出。

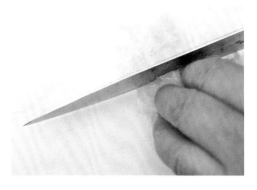

冰糖莲子燕窝

材料

变身高档燕窝30克，新鲜莲子200克，红枣20颗，水1000毫升

调料

冰糖150克

做法

❶ 将新鲜莲子、红枣分别洗净，备用。

❷ 取锅，于锅中加入1000毫升水及新鲜莲子、红枣，一起煮沸后，再转小火煮约20分钟。

❸ 接着加入冰糖一起煮约5分钟，至冰糖完全溶化后，放入变身高档燕窝一起煮至入味即可。

PART 1

百吃不腻之
肉类篇

　　肉类佳肴可以说是大多数人上餐馆最常点的，尤其是猪肉、鸡肉、牛肉、羊肉，不但方便购买、也较容易烹调。添加适当的调料、辛香料增加风味，再搭配当季蔬菜一起快炒，将家常菜做出餐馆菜的美味，对您来说绝不是难事，还能变着花样做出不同的菜色，让您尝尽各具风味的肉类美食。

肉类便宜好吃秘诀

秘诀 1:
一盒肉有多种吃法

一次购买一盒鸡腿，可以运用煎、煮、炒、炸等不同的烹饪方式，做出不同的菜色，口感丰富多变。如果懒得做那么多，可以做最简单的白斩鸡，一次煮多个鸡腿，第一餐吃原味白斩鸡，第二餐做成葱油鸡，第三餐再红烧入味，或是做成炸鸡腿，每餐都有新风味。

秘诀 2:
正确保存是美味的前提

学会正确保存食物，既能省钱，又能吃得健康美味。将肉买回来后，分成数份，每份的量为一餐可食用完的量，再用塑料袋密封包装，减少与空气接触的机会，注意肉片都要平铺好再放入袋中。若是在菜市场买的肉片，则要多加一道清洗的工序，再用厨房纸巾轻轻吸干后才能装袋。当然，冷冻保存最好不要超过1个月，冷藏则只有3天的保鲜期。

秘诀 3:
善用配菜与调料做变化

要善于运用配菜与调料，就算同一块猪肉，也能切片、切丝，做成好几道口味各异的菜肴，或者加入沙茶酱做成沙茶炒肉，加入干辣椒做成宫保肉丁等。

秘诀 4:
善于搭配食材

想要吃得美味又营养均衡，就要善于搭配食材，每餐尽量都能有肉、有蔬菜，如果不想吃肉，可以换成海鲜或是鸡蛋、豆腐来补充蛋白质，而瓜果叶菜类可互相替换。

笋丝扣肉

🍳 做法

1. 先将猪五花肉洗净切成小条状，再切成块状；竹笋丝切成小段状；葱洗净切成段状；红辣椒洗净切片，备用。

2. 将猪五花肉块与所有腌料混合均匀，腌制约15分钟，备用。

3. 将腌好的猪五花肉块放入油温为180℃的油锅中，炸至表面呈金黄色，备用。

4. 取炒锅，加入1大匙色拉油烧热后，放入炸好的猪五花肉块、葱段、红辣椒片，以中火爆香。

5. 续加入竹笋段与所有调料（香油除外）炒匀，盖上锅盖，以中小火焖煮约15分钟，最后洒入香油即可。

美味应用 竹笋丝可以买做好的，不仅可以省去卤笋丝用的调料，还可以节省制作笋丝的时间，既省钱又省时。

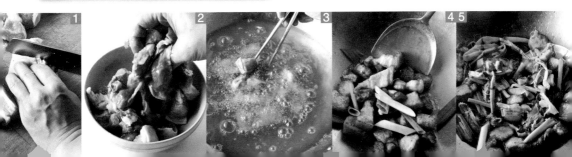

京都排骨

📋 材料
猪腩排	200克
姜	20克
洋葱	30克
水	50毫升
色拉油	适量

🥫 腌料
小苏打	1/2茶匙
米酒	1茶匙
盐	1/4茶匙
白糖	1/8茶匙
面粉	1茶匙
淀粉	1/2茶匙

🧂 调料
番茄酱	1.5大匙
陈醋	1茶匙
黑胡椒汁	1/2大匙
白糖	1.5大匙
酱油	1茶匙
盐	1/8茶匙

🍳 做法
1. 猪腩排剁3厘米长段，泡水30分钟后，再冲水10分钟，以洗去血水，沥干后加入所有腌料（面粉、淀粉除外）腌约1小时，再加面粉、淀粉拌匀。姜、洋葱均洗净切片，备用。
2. 热锅至油温约160℃，将腌好的排骨逐块放入锅中，以小火炸约3分钟，再熄火浸泡约2分钟，接着开大火炸约1分钟后捞出、沥油，备用。
3. 锅中留少许油，放入姜片、洋葱片爆香，再加入水及所有调料，以小火煮沸后，放入炸排骨炒匀即可（盛盘时可另加入绿色青菜围边装饰）。

无锡排骨

材料
猪腩排（约5厘米长段）350克，姜片30克，
葱段10克，桂皮1根，八角3粒，红曲米1茶匙，
水500毫升，色拉油适量

调料
黄酒3大匙，蚝油1大匙，酱油1茶匙，
白糖1茶匙，盐1/4茶匙

做法
1. 猪腩排泡水1小时，再冲水10分钟去除肉腥味，接着放入沸水中汆烫后捞出沥干。
2. 将桂皮、八角、红曲米制成卤包，备用。
3. 将姜片、葱段放入热油锅中煸香，备用。
4. 取不锈钢锅，放入汆烫后的猪腩排，卤包、煸香的姜片、葱段及所有调料，再倒入500毫升水，煮至沸腾后转小火续煮约1.5小时，至汤汁收干即可（盛盘时可另加入绿色青菜围边装饰）。

橙汁排骨

材料
猪小排350克，洋葱120克，大蒜3瓣，
橙子200克，橙子片（装饰用）适量

调料
酱油1小匙，米酒1大匙，白糖1大匙，
盐、黑胡椒粉各少许，柳橙汁500毫升

做法
1. 将猪小排放入油温为190℃的油锅中炸至表面呈金黄色后捞出；洋葱洗净切丝；大蒜洗净切片；橙子洗净取橙子皮，备用。
2. 取炒锅，放入洋葱丝、大蒜片以中火炒香，再放入炸好的猪小排炒匀。
3. 续加入所有调料，以中小火烩煮约10分钟，至汤汁微收呈稠状。
4. 起锅前将橙子皮放入烩煮的汤汁中，增加橙子香气后盛盘，再以橙子片盘饰即可。

美味应用　同一块猪小排，做完这道橙汁排骨后，若有剩余，还可以拿来熬汤。只要懂得充分利用食材，就能省钱又美味。

椒盐排骨

🍢 材料
排骨500克，大蒜100克，红辣椒2个，
水50毫升，色拉油适量

🍶 调料
小苏打粉1/4茶匙，米酒1茶匙，淀粉2大匙，
蛋清1大匙，盐3/4茶匙，鸡精1/2茶匙，椒盐适量

📖 做法
1. 排骨洗净剁小块；将20克大蒜与红辣椒均洗净切碎。
2. 将剩余的80克大蒜，加水50毫升打成汁，与蛋清及所有调料（盐1/2茶匙、椒盐和鸡精除外）拌匀，再放入排骨块，腌制约30分钟。
3. 热锅，加入油烧热至160℃，将腌好的排骨块以中火炸约12分钟至表面微焦后捞起。
4. 锅中留少许油，以小火爆香大蒜碎及红辣椒碎，再倒入炸好的排骨、1/2茶匙盐、鸡精，翻炒均匀，最后撒上椒盐调味即可。

糖醋里脊

🍢 材料
猪里脊肉250克，色拉油少许，
青椒丝、红甜椒丝、黄甜椒丝各20克

🍶 腌料
淀粉、蛋清各1大匙，米酒1/2小匙，盐1/8小匙

🍶 调料
白醋、水淀粉各1大匙，白糖4大匙，香油1小匙，
陈醋、水各2大匙，番茄酱2大匙，淀粉少许

📖 做法
1. 猪里脊肉洗净沥干，切成筷子般粗细的条状，放入碗中，加入腌料抓匀，备用。
2. 将猪里脊肉条均匀裹上淀粉后，放入热油锅中，以中小火炸至金黄酥脆后捞起。
3. 重新热锅，加入色拉油，放入青椒丝、红甜椒丝、黄甜椒丝，以中小火炒香，再加入炸过的猪里脊肉条及调匀的调料（水淀粉、香油除外）炒匀，待煮开后，淋入水淀粉勾芡、倒入香油拌匀即可。

菠萝酱烩排骨

材料
猪小排	350克
洋葱	120克
大蒜	3瓣
葱	20克
色拉油	适量

腌料
米酒	1大匙
香油	1小匙
酱油	1大匙
淀粉	1小匙

调料
菠萝酱	150克
白糖	1大匙
香油	1小匙
盐	少许
白胡椒粉	少许
水	适量

做法
1. 将猪小排洗净，加入腌料混合均匀，腌制约15分钟，备用。
2. 将腌好的猪小排放入油温约180℃的油锅中，炸至表面呈金黄色，备用。
3. 洋葱洗净切丝；大蒜洗净切片；葱洗净，切成小段状，备用。
4. 取炒锅，加入1大匙色拉油烧热后，加入洋葱丝、大蒜片、葱段，以中火爆香。
5. 续加入所有调料与炸好的排骨，以中火烩煮约15分钟，至汤汁微收呈稠状且食材入味即可。

咕咾肉

🍲 材料

猪梅花肉	100克
洋葱	20克
菠萝	50克
青椒	15克
红辣椒	1/4个
色拉油	适量

🧂 腌料

盐	1/4茶匙
胡椒粉	少许
香油	少许
蛋清	1大匙
淀粉	1大匙

🧂 调料

白醋	100毫升
白糖	120克
盐	1/8茶匙
番茄酱	2大匙
淀粉	1/2碗

📋 做法

1. 猪梅花肉洗净切1.5厘米厚片，加入所有腌料拌匀，再均匀裹上淀粉后，将多余的淀粉抖去，备用。
2. 青椒、红辣椒、菠萝、洋葱均切片，备用。
3. 热锅至油温约160℃，将腌好的猪梅花肉片逐片放入锅中，以小火炸约1分钟，再转大火炸约30秒后捞出沥油，备用。
4. 锅底留少许油，放入青椒片、红辣椒片、菠萝片、洋葱片，以小火炒软，再加入所有调料，待煮沸后放入炸好的猪梅花肉片，以大火翻炒均匀即可。

美味应用　　做这道菜若想要更省钱，可以不选择梅花肉，而改用里脊肉或是一般的猪肉部位。另外，还可增加整道菜中蔬菜的分量，不仅能让菜色看起来更丰富，吃起来也不会觉得腻。

腐乳肉

材料
猪五花肉块200克，西蓝花80克，红腐乳1块，
红曲米1大匙，八角3粒，桂皮1根，姜片20克，
葱段10克，水500毫升

调料
料酒2大匙，白糖2大匙，酱油1茶匙，
鸡精1/4茶匙

做法
1. 红腐乳压碎；红曲米冲入1/2碗沸水，浸泡
   约30分钟后过滤留汁；西蓝花洗净入沸水
   烫熟。
2. 猪五花肉块放入沸水中汆烫去血水，捞起
   沥干后放入汤锅内，备用。
3. 于汤锅中加入八角、桂皮、姜片、葱段、
   所有调料、水及红腐乳碎、过滤后的红曲
   米汁，煮沸后转小火煮约1小时至入味。
4. 熄火后只将煮好的猪五花肉块盛盘，再用
   烫熟的西蓝花围边装饰即可。

美味应用
若担心猪五花肉吃起来过于油腻，
可用猪前腿肉代替猪五花肉烹饪。

红烧肉

材料
猪五花肉300克，蒜苗150克，红辣椒1个，
水800毫升，色拉油适量

调料
酱油、蚝油各3大匙，白糖1大匙，米酒2大匙

做法
1. 猪五花肉洗净，切成适当大小的块状，放入
   热油锅中略炸至上色后，捞出沥油，备用。
2. 蒜苗洗净切段，分切成蒜白、蒜绿；红辣
   椒洗净切段，备用。
3. 热锅，加入2大匙色拉油，爆香蒜白、红辣
   椒段，再放入炸好的猪五花肉块与所有调
   料翻炒均匀，并炒香。
4. 续加入800毫升的水（水量需盖过肉）煮
   沸，盖上锅盖，再转小火煮约50分钟至汤汁
   略收干，最后加入蒜绿煮至入味即可。

美味应用
现代人比较重视养生，看到过多
油脂会避之三分，因此挑选五花肉
时，可以选肥瘦比例大约是1:1的，吃
起来不油不涩，口感刚刚好。

香菇镶肉

材料
猪肉馅150克，姜末1/4茶匙，鲜香菇8朵，青豆8粒，蛋清1大匙，淀粉少许

调料
盐、淀粉各1/2茶匙，白糖、胡椒粉各1/4茶匙

做法
1 鲜香菇洗净后，剪去蒂头、吸干水分，内侧沾少许淀粉，备用。
2 再将剪下的香菇蒂切碎，备用。
3 猪肉馅加入盐、姜末，放入盆内搅拌成团，再加入其余调料及蛋清拌匀，接着加入香菇蒂碎拌匀，备用。
4 将拌匀后的猪肉馅挤成丸子状，填入沾有淀粉的鲜香菇内，上面放青豆装饰，最后入锅以大火蒸约8分钟即可。

美味应用 硬邦邦的香菇蒂也能切碎混入肉馅内，不会影响口感。

京酱肉丝

材料
猪肉丝150克，小黄瓜1条，色拉油2大匙，水50毫升

调料
甜面酱3大匙，淀粉适量，番茄酱、白糖各2小匙，香油、水淀粉各1小匙

做法
1 小黄瓜洗净切丝，均匀放入盘中，备用。
2 猪肉丝放入碗中，加入淀粉抓匀，备用。
3 热锅，倒入2大匙色拉油，放入抓匀的猪肉丝，以中火炒至肉丝变白。
4 再加入水、甜面酱、番茄酱及白糖，持续炒至汤汁略收干后，以水淀粉勾芡，最后淋入香油，即可盛在小黄瓜丝上。

红烧狮子头

🍖 材料

猪肉馅	500克
荸荠肉	80克
姜	30克
葱白	20克
水	50毫升
蛋清	35克
淀粉	2茶匙
水淀粉	3大匙
大白菜	适量
色拉油	适量

🧂 调料

黄酒	1茶匙
盐	1茶匙
酱油	1茶匙
白糖	1大匙

🍶 卤汁

姜片	3片
葱段	10克
水	500毫升
酱油	3大匙
白糖	1茶匙
黄酒	2大匙

📖 做法

① 荸荠肉洗净切末；姜去皮洗净切末，葱白洗净切末，将姜末、葱白末加50毫升水打成葱姜汁后，过滤去渣，备用。

② 猪肉馅与盐混合，摔打搅拌至呈胶黏状。

③ 再依次加入荸荠末、葱姜汁、剩余调料和蛋清搅拌摔打，最后加入淀粉拌匀。

④ 将拌匀后的猪肉馅平均分成10颗肉丸，再用手沾取水淀粉，均匀地裹在肉丸上，备用。

⑤ 备一锅热油，将裹有水淀粉的肉丸逐个放入锅中，炸至表面金黄后捞出。另取锅，先放入卤汁材料煮沸，再放入炸过的肉丸，以小火炖煮2小时。最后将大白菜洗净，放入沸水中稍氽烫后捞起沥干，放入锅中稍煮即可。

美味应用

黄瓜与虾米都是很便宜的食材，加入砂锅中垫底可以增加分量。另外猪肉馅加入酸菜末，不但能节省成本，口味层次亦很丰富，吃起来美味独特。

酸菜丸子

材料

猪肉馅	200克
姜末	1/4茶匙
酸菜	20克
黄瓜	100克
虾米	1大匙
蛋清	1大匙
水	300毫升

调料

盐	1茶匙
白糖	1/4茶匙
胡椒粉	1/4茶匙
淀粉	1/2茶匙
鸡精	1/4茶匙

做法

1 黄瓜洗净切条；虾米洗净；酸菜洗净、切末，备用。

2 猪肉馅中加入1/2茶匙盐拌匀。

3 将拌有盐的猪肉馅放入盆内搅拌成团。

4 再加入白糖、胡椒粉、淀粉及蛋清拌匀，接着加入姜末、酸菜末。

5 将调料和猪肉馅用手一起抓匀，备用。

6 取砂锅，放入黄瓜条、虾米、水煮沸，再将抓匀的猪肉馅用手挤成丸子状后，放入砂锅中，以小火煮约5分钟，起锅前加入1/2茶匙盐、鸡精拌匀煮沸即可。

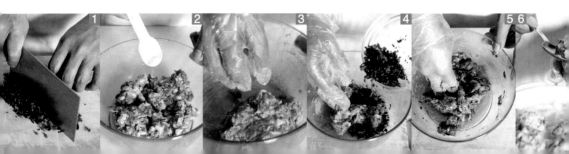

蒜泥白肉

🐟 **材料**

猪梅花肉片300克，大蒜2瓣，嫩姜丝少许

🫙 **调料**

酱油、冷开水各2大匙，白糖1小匙，香油少许

📋 **做法**

❶ 将所有调料混合调匀成酱汁，备用。

❷ 大蒜切末后，加入酱汁拌匀即为蒜蓉酱，备用。

❸ 取锅，倒入1/3锅水煮至沸腾，放入猪梅花肉片氽烫至熟，捞起沥干排盘，再淋上蒜蓉酱、摆上嫩姜丝即可（另可加入香菜配色）。

> **美味应用** 　做这道菜可利用冷冻的猪梅花肉片，不仅价格便宜，还可以省去自己切片的麻烦，也不用担心买得过多会不新鲜，想做的时候从冰箱拿出来解冻即可。

云南大薄片

🐟 **材料**

猪皮300克，姜4片，葱段20克，
洋葱丝、香菜、碎花生、红辣椒末各适量

🫙 **调料**

鱼露、冷开水各1大匙，白糖1大匙，柠檬汁2大匙

📋 **做法**

❶ 将所有调料混合搅拌均匀，即为酸辣汁。

❷ 猪皮洗净，放入沸水中略氽烫5分钟，捞出冲水并刷洗干净。

❸ 取锅加水，放入洗净的猪皮、姜片和葱段煮约30分钟，捞出猪皮冲水待凉，再放入冰箱冷冻约30分钟后，取出切薄片。

❹ 洋葱丝泡入冰水中；香菜洗净切小段，备用。

❺ 将猪皮薄片摆入盘中，再放入泡过冰水的洋葱丝、红辣椒末，最后淋上酸辣汁、撒上香菜段和碎花生即可。

备注：冷冻可使猪皮变硬，便于切薄片。

橘子酱酸甜肉

材料
猪五花肉200克，葱、姜各20克，大蒜3瓣，
真空包装竹笋约50克，香菜适量，色拉油1大匙

调料
橘子酱2大匙，香油、酱油各1小匙，白糖1小匙，
盐、白胡椒粉各少许

做法
1. 将猪五花肉洗净去皮后切成片状；竹笋、大蒜和姜均洗净切成片状；葱洗净后切成段状。取一容器，加入所有调料混合均匀，备用。
2. 取炒锅，先加入1大匙色拉油以中火烧热，再放入猪五花肉片煸香，至猪五花肉表面稍微上色。
3. 锅内留少许油，放入姜片、蒜片、竹笋片和葱段翻炒均匀，再倒入混合均匀的调料，烩煮至酱汁微收即可盛盘，最后放入香菜装饰。

> **美味应用** 还可以用做好的白切肉做这道菜，因为酸酸甜甜的橘子酱和白切肉很对味，既方便又美味。

蒜苗炒腊肉

材料
腊肉150克，蒜苗400克，大蒜3瓣，
红辣椒1个，色拉油1大匙

调料
白糖、鸡精各1小匙，香油1小匙，米酒1大匙

做法
1. 将腊肉洗净切成薄片，放入沸水中汆烫去咸味后，捞起沥干，备用。
2. 蒜苗洗净切片；红辣椒、大蒜都洗净切成小片状，备用。
3. 取炒锅，加入1大匙色拉油烧热，再加入汆烫后的腊肉片，以中小火慢慢煸香。
4. 接着加入蒜苗片、红辣椒片、大蒜片和所有调料，以大火翻炒均匀至入味即可。

> **美味应用** 用蒜苗炒腊肉，不仅能逼出肉的香气，还能中和腊肉的特殊气味，让人百吃不腻。

客家咸猪肉

材料
猪五花肉	1800克
蒜苗	150克
色拉油	适量

腌料
八角	1粒
大蒜	10瓣
白胡椒粉	1大匙
花椒粒	2大匙
甘草粉	1/4大匙
百草粉	1茶匙
五香粉	1大匙
盐	5大匙
白糖	8大匙
味精	1大匙
酱油	8大匙
米酒	8大匙

蘸料
蒜末	2大匙
白醋	1大匙

做法
1. 将猪五花肉洗净，切成约3厘米厚的条状，再放入全部腌料（其中大蒜切末）腌制约3天，备用。
2. 将腌好的猪五花肉条取出，用清水洗去全部腌料后，蒸约半小时。
3. 起锅，加色拉油烧热后，放入蒸好的猪五花肉条，煎至表面呈金黄色（或用烤箱烤）。
4. 取盘，将蒜苗切斜片垫底，再将煎好的猪五花肉条切片，排于蒜苗片上。
5. 最后将所有蘸料调匀，搭配猪五花肉片蘸食即可。

美味应用　腌制猪肉需要花费的天数较多，所以可以一次腌制多一些保存起来，这样烹饪时就比较省时、省力。

味噌烧肉片

材料

猪五花肉片	200克
洋葱	60克
熟芝麻	1茶匙
莴苣叶	10片
蒜泥	1/2茶匙
色拉油	3大匙
水	2大匙

调料

味噌	1大匙
白糖	2茶匙
米酒	2茶匙

做法

1. 洋葱洗净切丝，备用。
2. 将所有调料混合均匀，再加入蒜泥拌匀，即为味噌腌酱，备用。
3. 将猪五花肉片加入味噌腌酱中拌匀，腌制约3分钟。
4. 热锅，加入3大匙色拉油，放入腌好的猪五花肉片，以半煎半炒的方式烹饪约3分钟后，加入洋葱丝炒约2分钟即可盛盘，最后撒上熟芝麻即可。另外还可用莴苣叶包裹肉片搭配食用。

美味应用

用莴苣叶包裹着肉片食用，不仅不觉油腻，而且健康美味。

蔬菜炒肉

材料
薄猪肉片	100克
莲藕	50克
西芹	30克
胡萝卜	20克
黄甜椒	10克
色拉油	1大匙

腌料
盐	1/4茶匙
淀粉	1/2茶匙
白酒	1/2茶匙
色拉油	1/2大匙

调料
盐	1/2茶匙
鸡精	1/4茶匙
白糖	1/8茶匙

做法
① 全部材料洗净沥干。莲藕去皮、切薄片；西芹去皮、斜切成1厘米厚的薄片；胡萝卜去皮、切半圆形薄片；黄甜椒切片，备用。

② 猪肉片加入所有腌料（色拉油除外）拌匀，腌制约15分钟后，加入腌料中的色拉油拌匀，备用。

③ 热锅，放入1大匙色拉油润锅，加入腌好的猪肉片，以大火炒至肉色变白后，再放入其余材料以中火炒约3分钟，起锅前加入所有调料炒匀即可。

橙汁肉片

材料
厚猪肉片	200克
橙子	600克
水淀粉	1茶匙
色拉油	2大匙

腌料
盐	1/2茶匙
酒	1茶匙
蛋清	2大匙
淀粉	1大匙

调料
盐	1/4茶匙
白醋	1大匙
白糖	2茶匙

做法
1. 取橙子400克榨汁、去渣，再与所有调料拌匀，即为橙汁，备用。
2. 取剩余橙子，一半切半圆片围盘边，一半取皮刨细丝，备用。
3. 猪肉片加入所有腌料拌匀，腌制约20分钟，备用。
4. 热锅，加入2大匙色拉油，放入腌好的猪肉片，双面各煎约2分钟后盛出。
5. 原锅放入橙汁煮沸，加入水淀粉勾芡，再放入煎好的猪肉片翻炒均匀，接着撒入橙皮丝炒匀，熄火后盛入以橙子片围边的盘中即可。

西红柿菠菜炒肉片

材料

猪肉片	80克
西红柿	200克
菠菜	100克
姜末	1/2茶匙
蒜末	1/4茶匙
色拉油	1大匙

腌料

盐	1/4茶匙
淀粉	1/2茶匙
白酒	1/2茶匙

调料

盐	1/4茶匙
白糖	1/4茶匙

做法

1. 猪肉片加入腌料拌匀，腌制约10分钟，备用。
2. 菠菜洗净切段；西红柿洗净切块，备用。
3. 热锅，加入1大匙色拉油，放入腌过的猪肉片炒至肉色变白后盛出，备用。
4. 原锅中放入姜末、蒜末、菠菜段、西红柿块炒1分钟，再加入炒过的猪肉片及盐、白糖，以大火快炒均匀即可。

肉片炒茄子

🐟 材料
茄子500克，猪五花肉150克，豆角20克，蒜片少许，色拉油适量

🍶 调料
酱油1.5大匙，白糖、辣椒酱各1小匙

📋 做法
❶ 猪五花肉洗净切成0.1厘米厚的薄片；茄子洗净斜切成0.3厘米厚的薄片；豆角洗净切成3厘米长段，备用。

❷ 取锅烧热，倒入适量的色拉油，放入猪肉片炒至肉色变白后盛起。原锅再放入茄子片煎至略软，接着加入豆角段稍翻炒。

❸ 然后放入蒜片炒香，最后加入所有调料及炒过的猪肉片，充分翻炒入味，即可盛盘。

美味应用 快炒看似简单，但要将火候和熟度掌握得刚刚好，可不是件容易的事。各种食材要切得厚薄度均匀一致，才能掌握好烹饪时间，肉片才会炒得较嫩。

培根芦笋卷

🐟 材料
培根125克，芦笋250克

🍶 调料
西式普罗旺斯香草粉1小匙，七味粉适量，香油、酱油各1小匙，盐、黑胡椒粉各少许

📋 做法
❶ 培根对半切；芦笋洗净切成小段状，备用。

❷ 将芦笋段放在切好的培根上，再将培根与芦笋段轻轻地卷成培根卷。

❸ 把卷好的培根卷放入不粘锅中，以小火慢慢将培根卷煎至上色，并将培根多余的油脂煸出。

❹ 最后将所有调料（七味粉除外）均匀地加在培根卷上调味，起锅前再撒上七味粉即可。

美味应用 芦笋价格较高，也不是一年四季都可以买到，若想节省成本，可将芦笋改成四季豆，不论是口感还是滋味都有异曲同工之妙。

蓝带炸猪排

材料

猪里脊肉排	1块（约100克）
奶酪片	2片
火腿片	2片
圆白菜	80克

调料

盐	1小匙
黑胡椒粉	少许
蛋清	55克
面粉	50克
面包粉	50克

做法

❶ 先将猪里脊肉排洗净，再用拍肉器将猪里脊肉排拍松后，均匀地撒上盐和黑胡椒粉；圆白菜洗净切丝，铺在盘底，备用。

❷ 续将奶酪片和火腿片包入拍松的猪里脊肉排中包好。

❸ 将包好的猪里脊肉排两面均匀地抹上面粉。

❹ 然后沾上蛋清，最后沾上面包粉。

❺ 将沾好面包粉的猪里脊肉排放入油温约160℃的油锅中，炸至表面酥脆金黄后，捞起沥油，盛入铺有圆白菜丝的盘中即可。

美味应用　　拍松猪排，不仅可以让其口感更好，也可以让分量看起来较多，如果想让猪排看起来更厚，可以多夹一片火腿，因为火腿单价较肉及奶酪低，吃起来也有饱足感。

咸蛋蒸肉

材料
猪肉馅150克，凉薯80克，姜末1/4茶匙，
咸鸭蛋黄约45克，葱花适量，蛋清1大匙

调料
盐、淀粉各1/2茶匙，白糖、胡椒粉各1/4茶匙

做法

❶ 凉薯去皮洗净、切小丁；咸鸭蛋黄切小片，
备用。

❷ 猪肉馅加入盐，放入盆内搅拌成团，再加
入其余调料、姜末、凉薯丁及蛋清拌匀，
备用。

❸ 将拌匀的猪肉馅压平，表面铺上咸鸭蛋黄
片，入锅蒸约8分钟，取出后撒上葱花即可。

美味应用　咸鸭蛋本身已有咸味，调味时盐的
分量需减少，以免过咸。

莲藕煎肉饼

材料
猪肉馅150克，姜末1/4茶匙，莲藕80克，
三色豆、蛋清各1大匙，色拉油适量

调料
盐、淀粉各1/2茶匙，白糖、胡椒粉各1/4茶匙

做法

❶ 莲藕洗净，去皮后切小丁，备用。

❷ 猪肉馅放入盆内，加入盐搅拌成团，再加
入其余调料、姜末及蛋清拌匀，接着加入
三色豆及莲藕丁拌匀，备用。

❸ 将拌匀的猪肉馅捏成数个圆球，再压成扁
圆形，制成肉饼，备用。

❹ 热锅，放入色拉油，加入肉饼以小火将两
面各煎约2分钟，至金黄熟透后即可盛盘。

美味应用　三色豆是三种冷冻蔬菜，有胡萝卜
丁、玉米粒、青豆，以红黄绿三色而得
名，可从超市冷冻柜买到。

麻油腰花

🍥 **材料**
猪腰约100克，老姜30克

🧂 **调料**
麻油100毫升，米酒2大匙，盐、白胡椒粉各少许

🍲 **做法**
1. 先将猪腰洗净，再在猪腰表面划花刀，然后放入沸水中氽烫过水，备用；老姜切成片状，备用。
2. 取炒锅，加入麻油烧热后，放入老姜片，以小火将老姜片煸至香味散出。
3. 接着加入氽烫过的猪腰，再加入米酒、盐和白胡椒粉翻炒约3分钟至入味即可。

大豆卤肉丁

🍥 **材料**
猪五花肉300克，香菇5朵，魔芋100克，胡萝卜、黄豆各50克

🍶 **煮汁材料**
水400毫升，酱油50毫升，白糖25克，米酒、味啉各30毫升

🍲 **做法**
1. 将猪五花肉氽烫至肉色变白，捞起泡入冰水中冷却后，切粗丁状，备用。
2. 香菇充分洗净后泡发，切粗丁；魔芋放入沸水中氽烫3分钟捞起，切粗丁；黄豆洗净后泡发，取出沥干；胡萝卜去皮洗净，切粗丁，备用。
3. 将所有煮汁材料放入锅中煮沸后，放入猪五花肉丁、香菇丁、魔芋丁、黄豆、胡萝卜丁，待再次煮沸后转小火，续煮至入味即可。

姜丝大肠

🍃 材料
肥肠600克，低筋面粉400克，姜丝100克，红辣椒1个，酸菜2片，色拉油1.5大匙

🥣 调料
盐、味精各1茶匙，白酒1大匙，水淀粉适量，汽水200毫升

🍳 做法
1. 将肥肠正反两面用水冲洗干净后，用低筋面粉抓揉，再用清水冲洗几次。洗净后的肥肠用热水汆烫，再用冷水冲洗，然后切成2厘米长段，沥干备用。
2. 红辣椒、酸菜均洗净切丝，备用。
3. 将锅烧热后，加入1.5大匙色拉油，开大火，放入姜丝爆香，接着依序放入肥肠段、红辣椒丝、酸菜丝略炒，再加入所有调料共煮，待烧开后浸煮约3分钟至入味，即可起锅盛盘。

酥炸肥肠

🍃 材料
肥肠500克，盐1茶匙，白醋2大匙，姜片20克，葱30克，花椒1茶匙，八角4粒，水600毫升，色拉油适量

🍶 上色水
白醋5大匙，麦芽糖2茶匙，水2大匙

🍳 做法
1. 肥肠加入盐搓揉数十下后洗净，再加入白醋搓揉数十下后冲水洗净，备用。
2. 上色水混合加热；葱洗净切段，分切成葱白及葱绿。
3. 取锅加色拉油烧热后，放入姜片、葱绿爆香，再加入花椒、八角、水煮开，接着放入肥肠以小火煮约90分钟。捞出肥肠，泡入上色水中一会儿后捞出，吊起晾干，待肥肠表面风干后，将葱白塞入肥肠内。
4. 另热锅，加入适量色拉油，放入塞有葱白的风干肥肠，以小火炸至上色后捞出沥油，切斜刀段排入盘中即可。

美味应用 炸肥肠除了可以蘸胡椒盐搭配食用外，也可以自己调配糖醋酱蘸食。将白醋2大匙、白糖2大匙、番茄酱1大匙混合拌匀，即为糖醋酱。

五更肠旺

🍲 材料

肥肠	500克
盐	2茶匙
白醋	2大匙
鸭血	1块
咸菜心	2片
蒜苗	150克
蒜末	1/4茶匙
姜末	1/4茶匙
水	300毫升
色拉油	2茶匙

🫙 调料

辣豆瓣酱	1大匙
酱油	1茶匙
白糖	1/2茶匙
水淀粉	1.5茶匙

🫙 卤汁

八角	4粒
花椒	1/2茶匙
姜片	20克
葱	5克
米酒	1大匙
酱油	2大匙
白糖	1茶匙
水	800毫升

📋 做法

❶ 肥肠加入盐搓揉数十下后洗净，再加入白醋搓揉数十下后冲水洗净，接着放入沸水中汆烫约5分钟，捞出沥干，备用。

❷ 将所有卤汁混合煮沸后，加入洗净的肥肠，以小火煮约50分钟后捞出，切成2厘米长的段状，备用。

❸ 咸菜心洗净后切斜刀片，鸭血切片，分别入沸水中略汆烫；蒜苗洗净切斜刀片，备用。

❹ 热锅，加入2茶匙色拉油，放入蒜末、姜末、辣豆瓣酱炒香，再加入300毫升水及酱油、白糖，接着放入咸菜片、鸭血片、肥肠段以小火煮约3分钟，最后以水淀粉勾芡后盛盘，撒上蒜苗片即可。

花雕鸡

🍲 材料

鸡腿	750克
红葱头	250克
大蒜	5瓣
干辣椒	5个
芹菜	30克
洋葱	30克
葱段	30克
黑木耳	50克
色拉油	2大匙
水	1碗

🍶 腌料

花雕酒	3大匙
酱油	2茶匙
盐	1/4茶匙
白糖	1/4茶匙
淀粉	1茶匙

🍶 调料

辣豆瓣酱	1大匙
蚝油	1大匙
花雕酒	4大匙
芝麻酱	1/2茶匙
白糖	1茶匙
鸡精	1茶匙

📋 做法

1. 鸡腿洗净剁小块；红葱头及大蒜洗净切片；干辣椒洗净切小段；洋葱洗净切小块；芹菜洗净切段；黑木耳泡发后洗净切小片，备用。

2. 将鸡腿块加入所有腌料拌匀，腌制约1小时，备用。

3. 热锅，放入2大匙色拉油，将鸡腿块煎至两面金黄后盛出。原锅放入大蒜片、红葱头片、干辣椒段、洋葱块，以小火炸至金黄后，再加入煎好的鸡腿块炒匀。

4. 接着倒入混合均匀的调料（花雕酒只取用3大匙）炒匀。

5. 转小火，盖上锅盖焖煮约15分钟。

6. 开盖加入芹菜段、黑木耳片、葱段翻炒1分钟，再淋入1大匙花雕酒炒匀，最后盛入小锅中即可。

塔香三杯鸡

📋 材料
鸡腿500克，姜50克，大蒜20克，罗勒15克，
辣椒1/4个，色拉油2大匙

🍶 调料
酱油2大匙，白糖2茶匙，米酒3大匙

🍲 做法
1. 姜去皮洗净切片；大蒜洗净削去两边尖端；辣椒洗净去籽切片；罗勒摘去老梗后洗净，备用。
2. 鸡腿洗净剁块，入沸水汆烫去血水，备用。
3. 热锅，加入2大匙色拉油，放入大蒜、姜片，以小火炸至金黄，再加入汆烫后的鸡腿块，以中火煎至两面略焦黄。
4. 接着加入所有调料，以中火炒约2分钟后转小火，盖上锅盖，焖煮约5分钟（中途需开盖翻炒2次），起锅前加入罗勒、辣椒片，以大火炒至罗勒变软即可。

绍兴醉鸡

📋 材料
土鸡腿200克，高汤200毫升，枸杞子1茶匙，
黄酒400毫升

🍶 调料
盐1茶匙，白糖1/2茶匙

🍲 做法
1. 土鸡腿洗净后放入沸水中，以小火煮15分钟后熄火，续浸泡约10分钟，捞出放凉。
2. 将高汤煮沸后放入枸杞子，以小火煮约10分钟，再加入调料煮匀后熄火，倒入黄酒。
3. 再将放凉后的土鸡腿放入锅中浸泡，最后放入冰箱冷藏约6小时后，取出鸡腿切块即可。

> **美味应用**　土鸡腿肉质较好，所以售价也比较高，但如果想要节约成本，也可以将土鸡腿改用一般带骨的鸡腿，或是直接改用鸡胸肉。

盐水鸡

材料
鸡腿200克，姜片5克，葱段20克，大蒜3瓣，
冷开水500毫升

调料
鸡精1大匙，盐3大匙，冰块适量

做法
❶ 鸡腿洗净，放入沸水中快速汆烫过水；大
蒜切片，备用。
❷ 取锅，加入可盖过鸡腿的水量，再放入汆
烫好的鸡腿，接着加入姜片、葱段、大蒜
片，以中火将鸡腿煮熟。
❸ 另取锅，加入冷开水，放入盐与鸡精调匀，
再加入冰块冷却，接着放入煮熟的鸡腿，浸
泡约12小时以上至入味，即可切块盛盘（盘
中可另加入生菜叶做装饰）。

口水鸡

材料
鸡腿300克，熟白芝麻、蒜香花生各1茶匙，
香菜叶少许，姜末、蒜末、葱花各1/2茶匙

调料
凉开水3大匙，辣豆瓣酱1茶匙，花椒粉适量，
辣油适量，芝麻酱、花生酱、白糖各1/2茶匙，
蚝油、白醋各1茶匙

做法
❶ 鸡腿洗净，放入沸水中以小火煮约20分钟
后捞出放凉，备用。
❷ 蒜香花生碾碎，备用。
❸ 所有调料拌匀，再加入姜末、蒜末、葱花
拌匀，即为口水鸡蘸酱。
❹ 将煮熟放凉后的鸡腿剁块盛盘，淋上口水
鸡蘸酱，再撒上蒜香花生碎、熟白芝麻、
香菜叶即可。

美味应用 口水鸡做法与怪味鸡很类似，只
是调味酱配方不同。可一次煮熟两份鸡
肉，分别淋上不同酱料，两道美味鸡肉
菜就做好了。

葱油鸡

🍽 材料

土鸡腿	250克
葱丝	30克
姜丝	20克
红辣椒丝	少许
热油	2大匙

🍶 调料

温开水	3大匙
盐	1.5茶匙
白糖	1/4茶匙
蚝油	1茶匙

📋 做法

1. 鸡腿汆烫后洗净，备用。

2. 煮一锅水量可淹过鸡腿的沸水，再放入汆烫后的鸡腿，煮至沸腾后转极小火，保持沸腾状态约15分钟，然后盖上锅盖，续焖约10分钟后取出鸡腿，立即泡入冰水中至完全变凉，再取出剁块盛盘，备用。

3. 葱丝、姜丝、红辣椒丝混合，备用。

4. 将所有调料混合拌匀成调味水，淋在做好的鸡腿块上腌制几分钟后倒出，如此重复数次，最后留少许调味水在盘里。

5. 再在鸡腿块上摆入混合后的葱丝、姜丝、红辣椒丝，最后淋上2大匙烧热至冒烟的热油即可。

美味应用　若想省钱可以买生鸡回家自己处理，煮完后的汤还可以用作高汤调味。

怪味鸡

材料
鸡腿	300克
姜末	1/2茶匙
辣椒末	1/2茶匙
蒜末	1/2茶匙
葱花	1茶匙

调料
芝麻酱	2茶匙
凉开水	3大匙
酱油	1茶匙
醋	1茶匙
白糖	1/2茶匙
盐	1/4茶匙
辣油	适量

做法
1. 鸡腿洗净，放入沸水中以小火煮约20分钟，再捞出放凉，备用。
2. 芝麻酱加入凉开水调匀（水可分3次加入），再加入其余调料拌匀，接着加入除鸡腿外的所有材料拌匀，即为怪味酱，备用。
3. 将煮熟放凉后的鸡腿剁块盛盘，淋上怪味酱即可。

美味应用　　怪味鸡的做法其实很简单，重点是要学会调制怪味酱，再淋在熟鸡肉上就是一道完美的成品。

宫保鸡丁

材料

鸡胸肉	120克
葱	10克
大蒜	3瓣
干辣椒	10克
花椒	少许
蒜味花生	10克
色拉油	适量

腌料

酱油	1茶匙
淀粉	1大匙

调料

酱油	1大匙
米酒	1大匙
白醋	1茶匙
水	1大匙
水淀粉	1茶匙
香油	1茶匙

做法

① 鸡胸肉洗净去骨、去皮后切丁，放入腌料拌匀腌10分钟；葱洗净切段；大蒜拍扁切片；干辣椒洗净切段，备用。

② 取锅烧热后，倒入适量色拉油，放入腌好的鸡胸肉丁炸熟，捞起备用。

③ 于原锅中放入葱段、大蒜片、干辣椒段与花椒炒香，再加入炸鸡胸肉丁与所有调料（香油除外）翻炒均匀，起锅前放入蒜味花生、淋上香油炒匀即可。

木耳蒸鸡

材料
鸡腿500克，黑木耳、葱段各10克

腌料
盐、白糖各1/4茶匙，酱油1/2茶匙，
料酒1茶匙，淀粉1茶匙

做法
1. 黑木耳泡水至膨胀后洗净，再去除蒂头、撕成小朵，备用。
2. 鸡腿剁小块，洗去血水后沥干，备用。
3. 将沥干的鸡腿块加入所有腌料拌匀，再加入黑木耳拌匀，腌制约20分钟，备用。
4. 将腌好的鸡腿放入蒸盘里铺平，将蒸盘放入锅中，以大火蒸约12分钟后取出，撒上葱段即可。

照烧鸡腿

材料
鸡腿排200克，白芝麻、欧芹、红辣椒丝各适量，姜20克，洋葱80克，色拉油1大匙，水适量

调料
酱油3大匙，白糖1大匙，味啉1大匙，米酒2大匙

做法
1. 将鸡腿排洗净，放入沸水中氽烫过水后捞起；姜洗净切片；洋葱洗净切丝，备用。
2. 取炒锅，加入1大匙色拉油烧热后，加入姜片和洋葱丝以中火爆香，再加入氽烫后的鸡腿排炒匀。
3. 接着将所有调料混合均匀后加入锅中，以中小火煮约15分钟至汤汁略收后盛盘。
4. 最后于做好的鸡腿排上撒上白芝麻，摆上欧芹、红辣椒丝做装饰即可。

椒麻鸡

🍲 材料
去骨鸡腿排 200克
地瓜粉 1/2碗
色拉油 适量

🧂 腌料
姜碎 20克
葱碎 5克
盐 1/4茶匙
五香粉 1/8茶匙
蛋清 1大匙

🥢 椒麻酱材料
香菜碎 1茶匙
蒜末 1/2茶匙
辣椒末 1/2茶匙
白醋 2茶匙
陈醋 2茶匙
白糖 1大匙
酱油 1大匙
凉开水 1大匙
香油 1/2茶匙

🍳 做法
1. 将去骨鸡腿排切去多余脂肪，加入所有腌料拌匀，腌制约30分钟后取出，均匀裹上地瓜粉，备用。
2. 热锅，倒入适量色拉油，放入沾有地瓜粉的鸡腿排，以小火炸约4分钟后，转大火续炸约1分钟，捞起沥油，切块盛盘，备用。
3. 将所有椒麻酱材料混合均匀，最后淋在做好的炸鸡排上即可。

美味应用 如果懒得自己在家里炸鸡，也可以直接买一块炸好的鸡排回家加工，淋上椒麻酱汁就是椒麻鸡了，既省时又美味。

左宗棠鸡

🍲 材料
带骨鸡腿	250克
红辣椒	2个
葱	10克
色拉油	适量

🧂 腌料
大蒜	3瓣
姜碎	20克
淀粉	2大匙
香油	1小匙
酱油	1小匙
鸡蛋	1个

🧴 调料
陈醋	少许
盐	少许
白胡椒粉	少许

📖 做法
1. 先将带骨鸡腿切成小块状，再将鸡腿块与所有腌料（其中大蒜切成碎状，鸡蛋打散）一起混合均匀，腌制约15分钟，备用。
2. 红辣椒洗净切小片；葱洗净后切段，备用。
3. 将腌好的鸡腿块放入油温约180℃的油锅中，炸至表面呈金黄色，捞起沥油，备用。
4. 取炒锅，加入1大匙色拉油烧热后，加入红辣椒片与葱段以中火爆香。
5. 续加入炸好的鸡腿块与所有调料，以中火翻炒均匀至入味即可。

砂锅香菇鸡

📋 材料

鸡腿	500克
干香菇	6朵
葱	10克
姜	15克
大蒜	3瓣
水	适量

📋 调料

酱油	2大匙
鸡精	1小匙
米酒	1大匙

📋 做法

1. 将鸡腿切成小块状，放入沸水中汆烫去血水后捞起，备用。
2. 将干香菇放入冷水中浸泡约30分钟至软洗净；葱洗净切段；姜和大蒜均洗净切片，备用。
3. 取砂锅，放入汆烫好的鸡腿块、泡软的香菇、姜片、大蒜片以及所有调料，混合均匀后煮沸。
4. 再续煮约15分钟至入味，最后再加入葱段搅拌均匀，即可盛盘。

美味应用 干香菇香气十足，但售价不便宜，尤其以花菇价格更高。做这道菜若想节省成本，不妨选用较小朵的香菇，虽然肉较薄，但营养及香气不受影响。

椰汁咖喱鸡

材料

仿土鸡肉	200克
洋葱片	30克
香茅	2根
柠檬叶	2片
水	100毫升
椰奶	200毫升
色拉油	1茶匙

调料

咖喱	1茶匙
盐	1.5茶匙
白糖	1/2茶匙

做法

① 仿土鸡肉剁小块，放入沸水中氽烫去血水后，捞出洗净，备用。

② 热锅，加入1茶匙色拉油，放入咖喱以小火炒香，再加入仿土鸡肉块炒约2分钟。

③ 于锅中续加入水、盐、白糖、香茅、柠檬叶煮约5分钟，接着加入椰奶续煮约10分钟，最后加入洋葱片煮约2分钟即可（盛盘后可另加入罗勒做装饰）。

鸡肉粉丝煲

材料

鸡腿	500克
粉条	适量
洋葱	60克
红甜椒	20克
大蒜	4瓣
老姜	20克
水	250毫升
色拉油	2大匙

腌料

酱油	1茶匙
米酒	1茶匙
淀粉	1茶匙

调料

酱油	1茶匙
辣豆瓣酱	1茶匙
盐	1/4茶匙
鸡精	1/4茶匙
白糖	1/2茶匙

做法

1. 鸡腿剁小块，汆烫去血水后沥干，再加入所有腌料拌匀，备用；粉条泡水至软后对半切；洋葱、红甜椒洗净切片；老姜去皮洗净切片；大蒜削去两边尖端，备用。
2. 热锅，加入2大匙色拉油，放入腌好的鸡腿块，以中火煎至两面焦黄，盛出备用。
3. 原锅放入老姜片、大蒜炸至略焦黄后，放入煎好的鸡腿块翻炒均匀。
4. 接着放入洋葱片炒香，再放入250毫升水煮沸。
5. 再依序加入所有调料拌匀，以小火加盖焖煮约5分钟。
6. 最后加入粉条、红甜椒片煮沸即可。

香煎蘑菇鸡排

🍽 材料

鸡腿	300克
甜豆	20克
圣女果	3颗
玉米笋	100克
蘑菇片	20克
蒜末	1/2茶匙
水淀粉	1茶匙
盐	少许
色拉油	适量
水	50毫升

🧴 腌料

酱油	1茶匙
米酒	1茶匙
淀粉	1茶匙

🧴 调料

蚝油	1茶匙
盐	1/4茶匙
鸡精	1/4茶匙
黑胡椒粉	1/4茶匙
白糖	少许

📋 做法

① 将甜豆摘去头尾、老丝后洗净；圣女果洗净对切；玉米笋洗净对半斜切，备用。

② 将洗净后的甜豆、圣女果块、玉米笋块放入沸水中，并放入少许盐和色拉油氽烫约2分钟，备用。

③ 鸡腿去骨做成鸡腿排，加入所有腌料拌匀，备用。

④ 热锅，加入2大匙色拉油，放入腌好的鸡腿排，将两面以小火各煎约8分钟，至金黄熟透后盛出，备用。

⑤ 原锅放入蒜末、蘑菇片略炒至金黄，再加入所有调料炒匀，并以水淀粉勾芡炒匀，备用。

⑥ 取一盘，盛入煎熟的鸡腿排、淋上炒匀的蒜末蘑菇片，再将氽烫好的蔬菜码盘。

茄汁烧翅根

材料
鸡翅根	550克
西红柿	200克
洋葱	60克
蒜末	1/2茶匙
水	100毫升
色拉油	1大匙

调料
盐	1/4茶匙
番茄酱	1.5大匙
白糖	1/2茶匙

做法

❶ 西红柿洗净、切滚刀块；洋葱洗净切片，备用。

❷ 热锅，加入1大匙色拉油，放入鸡翅根以小火煎至金黄，再放入蒜末、水及所有调料，以小火煮约10分钟。

❸ 接着加入西红柿块、洋葱片，再煮2分钟至入味即可（可另加入香菜配色）。

竹笋鸡丝

材料
去皮鸡胸肉 150克
竹笋　　　 50克
芦笋　　　 20克
鲜香菇　　 2朵
辣椒丝　　 少许
姜丝　　　 少许
色拉油　　 1大匙

腌料
盐　　　 1/4茶匙
米酒　　 1/2茶匙
淀粉　　 1/2茶匙

调料
盐　　　 1/2茶匙
鸡精　　 1/4茶匙

做法
① 芦笋洗净切段；竹笋洗净切丝氽烫；鲜香菇洗净切丝，备用。
② 去皮鸡胸肉切丝，加入所有腌料拌匀，备用。
③ 热锅，放入1大匙色拉油，加入姜丝、腌好的鸡胸肉丝，以大火快炒1分钟后，加入芦笋段、氽烫后的竹笋丝、鲜香菇丝及所有调料炒2分钟，起锅前加入辣椒丝配色即可。

豆芽鸡丝

🍲 材料
去皮鸡胸肉	150克
豆芽	50克
韭黄	20克
姜丝	少许
辣椒丝	少许
色拉油	适量

🫙 腌料
盐	1/4茶匙
米酒	1/2茶匙
淀粉	1茶匙
蛋清	1大匙

🫙 调料
盐	1/2茶匙
鸡精	1/4茶匙
水淀粉	少许

🍳 做法
1. 去皮鸡胸肉切丝，加入所有腌料拌匀，备用。
2. 韭黄洗净，切成4厘米长的段状；豆芽洗净、沥干，备用。
3. 热锅，加入适量色拉油，放入腌好的鸡胸肉丝，以筷子拨散，炒至肉色变白后盛出，备用。
4. 原锅放入姜丝、辣椒丝、豆芽、韭黄段，以大火快炒约15秒，再加入盐、鸡精与鸡胸肉丝炒匀，起锅前以水淀粉勾芡炒匀即可。

三丝炒鸡丝

🍲 材料

去皮鸡胸肉	250克
青椒	1/3个
红甜椒	1/3个
香菇	2朵
葱	10克
姜	少许
色拉油	适量

🥫 腌料

米酒	1小匙
胡椒粉	少许
白糖	少许
蛋清	15克
淀粉	1小匙

🧂 调料

米酒	1小匙
盐	1/3小匙
水	3大匙
香油	适量

🍳 做法

1. 将所有材料（色拉油除外）洗净、切丝，备用。
2. 将去皮鸡胸肉丝加入所有腌料腌制5分钟，备用。
3. 热锅，放入适量色拉油，将腌过的去皮鸡胸肉丝过油后捞起，备用。
4. 另热锅，倒入适量色拉油，放入姜丝、葱丝、香菇丝爆香后，加入除香油外的其余调料、青椒丝、红甜椒丝翻炒，再加入鸡胸肉丝，以大火快炒均匀，起锅前淋上香油即可。

辣烤鸡翅

材料
鸡三节翅　　6只

腌料
辣椒粉　　　1小匙
酱油　　　　1小匙
白糖　　　　1/2小匙
白胡椒粉　　1/4小匙
辣椒酱　　　1小匙
白酒　　　　1小匙

做法
1. 所有腌料拌匀，备用。
2. 将鸡三节翅洗净切开成翅根与鸡翅，再放入腌料拌匀、腌制约30分钟，备用。
3. 烤箱预热至170℃，放入腌过的翅根与鸡翅烤约15分钟，至表面金黄熟透后即可取出（可另搭配生菜及西红柿片装饰）。

美味应用　务必将鸡三节翅先腌制入味，再烤到酱汁收干，这样鸡翅里外都充满风味。检查食物是否烤熟，可用竹签轻戳，如果能轻易戳入表示已经烤熟。

泰式酸辣鸡翅

材料

鸡翅	380克
洋葱	120克
大蒜	3瓣
葱	10克
柳橙皮	适量
色拉油	1大匙

调料

泰式甜鸡酱	3大匙
香油	1小匙
白糖	1小匙
柠檬汁	1大匙
盐	1小匙

做法

❶ 先将鸡翅洗净，再沥干备用；洋葱洗净切丝；大蒜洗净切片；葱洗净切小段；柳橙皮洗净切细丝，备用。

❷ 取炒锅，加入1大匙色拉油烧热，再加入洋葱丝、大蒜片和葱段，以中火翻炒均匀。

❸ 续加入洗净的鸡翅及所有调料，以中火烩煮成稠状后盛盘，最后摆上少许柳橙皮丝装饰即可。

美味应用　　酸辣鸡翅开胃下饭，是许多人去泰式餐馆必点的一道菜。其实自己在家也可以做出这样的美味，鸡翅可以选用两节鸡翅，这样既便宜又易入味。

咸菜炒毛肚

材料
咸菜150克，熟毛肚250克，葱20克，大蒜3瓣，
红辣椒1个，色拉油1大匙

调料
黄豆酱1大匙，香油1小匙，白糖1小匙，
盐、白胡椒粉各少许

做法
1. 先将咸菜切成小段状，再泡入冷水中去除
   咸味；熟毛肚洗净切成小条状；葱洗净切
   段；大蒜和红辣椒均洗净切片，备用。
2. 取炒锅，加入1大匙色拉油烧热后，加入葱
   段、大蒜片和红辣椒片爆香，再放入咸菜
   段，以中火一起炒香。
3. 续加入熟毛肚条翻炒均匀，再加入所有调
   料（香油除外）一起翻炒均匀，起锅前洒
   入香油即可。

咖喱牛肉

材料
牛肉片150克，菜花5片，土豆50克，甜豆6克，
胡萝卜20克，洋葱60克，蒜末1/2茶匙，
水250毫升，色拉油1.5大匙

调料
咖喱粉1大匙，盐、鸡精各1/2茶匙，白糖1/4茶匙

做法
1. 土豆、胡萝卜、洋葱均去皮洗净切片；菜
   花洗净；甜豆摘蒂、洗净，备用。
2. 将胡萝卜片、土豆片、菜花、甜豆汆烫2分
   钟后过冷水，备用。
3. 热锅，加入1.5大匙色拉油，放入蒜末、咖
   喱粉略炒，再放入牛肉片炒至肉色变白，
   接着加入水及剩余调料拌匀，再加入汆烫
   后的胡萝卜片、土豆片、菜花以及洋葱片
   煮约5分钟，起锅前加入甜豆煮沸即可。

滑蛋牛肉

材料
鸡蛋4个，牛肉片100克，葱花15克，淀粉1小匙，色拉油2大匙

调料
盐1/4小匙，米酒1小匙，淀粉1小匙，高汤80毫升

做法
1. 将牛肉片放入小碗中，加入1小匙淀粉充分抓匀后，再放入沸水中汆烫至再次沸腾后5秒，即可捞出，冲凉沥干，备用。
2. 将所有调料调匀，备用。
3. 将鸡蛋打入大碗中，加入调匀的调料搅打均匀，再加入汆烫后的牛肉片及葱花拌匀。
4. 热锅，倒入2大匙色拉油，将大碗中的材料再次拌匀后倒入锅中，以中火翻炒至蛋液凝固即可。

美味应用 烹饪之前，先将牛肉以淀粉腌过再烹调，可以保持牛肉肉质软嫩，尝起来滑嫩爽口。

土豆烩牛腩

材料
牛腩300克，土豆1个，胡萝卜100克，姜15克，葱10克，月桂叶1片，色拉油1大匙，水适量

调料
酱油、奶油各1大匙，鸡精1小匙

做法
1. 先将牛腩洗净切成约3厘米厚的块状，再放入沸水中汆烫去血水，备用。
2. 土豆和胡萝卜均去皮洗净、切成滚刀块状；姜洗净切片；葱洗净切成段状，备用。
3. 取小汤锅，先加入1大匙色拉油烧热，再放入汆烫后的牛腩块以中火炒香。
4. 续加入土豆块、胡萝卜块、姜片、葱段，以中火翻炒均匀后，最后加入月桂叶及所有调料，以中小火煮至入味即可。

葱爆牛肉

🐟 材料
牛肉片	150克
葱	30克
姜	20克
色拉油	3大匙

🫙 腌料
酱油	1茶匙
白糖	1/4茶匙
淀粉	1/2茶匙
嫩肉粉	1/4茶匙

🫙 调料
蚝油	1茶匙
盐	1/8茶匙
米酒	1/2茶匙
水淀粉	1茶匙

📖 做法
1. 牛肉片加入所有腌料拌匀，腌制约30分钟，备用。
2. 姜去皮洗净、切片；葱洗净切3厘米长的段状，备用。
3. 热锅，加入3大匙色拉油，放入腌好的牛肉片，以筷子拨散留油后，捞出沥油，备用。
4. 原锅留少许油，放入姜片以小火煸香，再加入葱段煸至表面略焦，续放入过油后的牛肉片及所有调料（水淀粉除外），以大火快炒均匀后，以水淀粉勾芡即可。

美味应用　可多加一些葱，炒起来分量会显得较多，同时葱有调色的效果，使整道菜看起来鲜亮翠绿，能让人胃口大开。

铁板牛柳

🥬 材料
牛肉	150克
洋葱	240克
蒜末	1茶匙
奶油	1大匙
色拉油	适量

🍶 腌料
酱油	1茶匙
白糖	1/4茶匙
淀粉	1/2茶匙
嫩肉粉	1/4茶匙

🧂 调料
粗黑胡椒粉	1茶匙
蚝油	1大匙
盐	1/8茶匙
白糖	1/4茶匙
水淀粉	1茶匙

🍽 做法
① 将牛肉顺纹路切成约0.5厘米厚的条状，再加入所有腌料一起拌匀，腌制约30分钟，备用。

② 洋葱洗净切丝，备用。

③ 热锅，加入适量色拉油，放入腌好的牛肉条翻炒约1分钟后，捞起沥油，备用。

④ 原锅留少许油，放入奶油加热融化后，加入蒜末、洋葱丝以小火炒香、炒软，续加入所有调料（水淀粉除外）及腌过的牛肉条，以大火快炒均匀后，以水淀粉勾芡即可。

水煮牛肉

材料

薄牛肉片	250克
生菜	250克
蒜苗	150克
干辣椒	4个
花椒粒	1/2茶匙
蒜末	1/2茶匙
姜末	1/2茶匙
水	250毫升
色拉油	适量

腌料

酱油	1茶匙
米酒	1茶匙
白糖	1/4茶匙
盐	1/8茶匙
淀粉	1.5茶匙

调料

辣豆瓣酱	1大匙
酱油	1茶匙
白糖	1/2茶匙
盐	1/4茶匙

做法

❶ 薄牛肉片加入所有腌料拌匀，备用；生菜取生菜心洗净切片；蒜苗洗净切片；干辣椒泡水洗净后剪段，备用。

❷ 热锅，加入适量色拉油，放入生菜心及盐，以小火炒约2分钟，盛盘。

❸ 锅洗净，加入1大匙色拉油，放入辣椒段及花椒粒，以小火炒约1分钟，再捞出放凉、压碎，备用。

❹ 原锅放入辣豆瓣酱、蒜末、姜末，以小火炒约1分钟后，加入250毫升的水及酱油、白糖。

❺ 待沸腾后转小火，使汤保持微微沸腾状态，再逐片放入腌好的牛肉片，涮至牛肉片变白后熄火。

❻ 将煮熟的牛肉连汤盛入放有生菜心的盘中，再撒上压碎的辣椒碎及花椒碎，接着淋入烧热的1大匙色拉油，最后放上蒜苗片即可。

干煸牛肉丝

材料
牛肉丝	150克
四季豆	30克
辣椒丝	少许
蒜末	1/4茶匙
色拉油	3大匙

腌料
蛋清	2茶匙
盐	1/4茶匙
酱油	1/4茶匙
米酒	1/2茶匙
淀粉	1/2茶匙

调料
黄酒	2茶匙
酱油	1茶匙
白糖	1/4茶匙

做法
1. 四季豆去蒂及老筋后，洗净切斜刀段，备用。
2. 牛肉丝加入所有腌料，以筷子朝同一方向搅拌数十下、拌匀，备用。
3. 热锅，加入3大匙色拉油润锅，放入腌好的牛肉丝，以中小火炒至变色，并分两次加入黄酒，炒至牛肉丝表面略焦黄后盛出。
4. 原锅留底油，放入四季豆段及蒜末、辣椒丝炒匀，待四季豆炒熟后加入炒好的牛肉丝翻炒均匀，起锅前加入酱油与白糖，以中火炒约1分钟即可。

沙茶羊肉空心菜

材料

火锅羊肉片	150克
空心菜	100克
姜丝	少许
红辣椒丝	少许
蒜末	1/2茶匙
色拉油	适量

腌料

酱油	1茶匙
淀粉	1茶匙
沙茶酱	1茶匙

调料

盐	1/2茶匙
沙茶酱	2茶匙

做法

1. 将羊肉片加入所有腌料抓匀，备用。
2. 空心菜洗净、沥干、切段，备用。
3. 热锅，加入适量色拉油，放入腌好的羊肉片，以大火快炒至肉色变白后盛出，备用。
4. 原锅留少许油，放入姜丝、红辣椒丝、蒜末爆香，再放入空心菜段以大火快炒约30秒，续加入炒过的羊肉片及所有调料，快炒均匀即可。

美味应用 　　购买盒装火锅羊肉片不仅便宜，烹饪也很方便，因其切得比较薄，所以烹饪时间不要过久，以免口感老涩。

黑胡椒煎羊排

🥘 材料

羊排	150克
蘑菇	3朵
西蓝花	150克
色拉油	少许
水	适量

🧂 调料

粗黑胡椒粉	少许
奶油	1大匙
鸡精	少许

📋 做法

1. 先将羊排洗净，再使用拍肉器将羊排的肉质拍松。
2. 蘑菇洗净后去蒂刻花，西蓝花洗净后切成小朵状，再全部放入沸水中汆烫至熟后，捞起沥干，备用。
3. 取不粘锅，先加入少许色拉油烧热，再放入拍松的羊排，以中小火将羊排煎至双面上色且熟后，即可盛盘。
4. 将调料混合煮匀成黑胡椒酱，淋至煎熟的羊排上，再于盘中摆上烫熟的蘑菇、西蓝花即可。

PART 2

鲜味十足之
海鲜篇

　　烹饪海鲜，最重要的是挑选最新鲜的海鲜食材，然后搭配简单的配料与调料，即可做出一盘媲美大酒店的美味。其实，海鲜类食材处理起来没有那么复杂，烹饪方法也不难，只要掌握海鲜的正确处理方法，以及烹饪的关键几步，就能在家轻轻松松做出与餐馆海鲜菜品一样美味的佳肴，让您吃得意犹未尽。

海鲜便宜好吃秘诀

秘诀 1:
一盒鲜虾多种变化

以鲜虾的种类来说，草虾价格比较高，白虾价格便宜许多。买一盒白虾，可以直接快炒，做成简单的炒虾。还可以自己去壳变虾仁（比购买市售虾仁便宜），做成虾仁丁或虾仁泥，再加入配料入锅油炸，即可做成月亮虾饼、金钱虾饼等美食。另外，剥下来的虾头还可以用来熬汤，既入味又不浪费。

秘诀 2:
一整条鲜鱼充分利用

如果想省钱又不怕麻烦，可以买一整条鲜鱼回来，自己去骨取鱼肉，会比直接购买处理好的鱼片便宜。当然，肉多、刺少的鱼较适合去骨，比如鲈鱼、白北鱼等。一条鱼的两面鱼肉，可以做成两种不同的菜色，剩下的鱼头还能煮汤。这样，一条鱼就被完全利用了，既不浪费又美味。

秘诀 3:
添加配料以减少成本

海鲜价格比较昂贵，单炒海鲜不但成本较高，菜色也比较单一。如果在烹饪的时候增加一些配菜，例如彩椒、水果、粉条、豆腐等，不但可以降低整道菜的成本，还可以增加菜品的丰富度，是餐馆常用的省钱秘诀。

秘诀 4:
家庭常备调料与香辛料

家中经常会存放一些基本调料、香辛料，就算是简单烹制食材，也会因为使用了这些常见的调料或香辛料，使得菜品增色不少。常用的调料有酱油、盐、白糖、醋、米酒、胡椒粉等，常用的香辛料有葱、姜、蒜、辣椒、香菜、罗勒等，只要正确存放，通常都可以保存较长的时间。

豆酥鳕鱼

材料

鳕鱼	500克
葱绿	10克
姜片	3片
豆酥碎	50克
蒜末	1大匙
葱花	1茶匙
色拉油	2大匙

调料

白糖	1.5茶匙
辣椒酱	1茶匙

做法

① 鳕鱼洗净，葱绿洗净切段。取蒸盘，先垫2支筷子，再摆上鳕鱼，上面放姜片和葱绿段，入锅蒸约6分钟后取出，拿掉筷子、姜片、葱绿段，并倒掉汤汁，备用。

② 热锅，加入2大匙色拉油，放入蒜末，以小火炒约1分钟。

③ 再加入豆酥碎，以小火炒约2分钟。

④ 接着加入白糖炒匀，续加入辣椒酱、葱花炒约30秒后熄火。

⑤ 最后均匀倒在蒸好的鳕鱼上即可。

碧绿炒鱼块

📖 材料

鲈鱼	1条
西芹	80克
红甜椒	20克
胡萝卜	15克
水淀粉	1/2茶匙
色拉油	2大匙

🧂 腌料

盐	1/4茶匙
胡椒粉	1/8茶匙
淀粉	1/2茶匙
香油	1/2茶匙

🧂 调料

盐	1/2茶匙
白糖	1/4茶匙
水	2大匙

🍳 做法

1. 鲈鱼处理干净、去骨，取半边的鱼肉，将鱼肉切小块，加入所有腌料拌匀，腌制约5分钟，备用。
2. 西芹、红甜椒洗净，切菱形块；胡萝卜去皮洗净切花，备用。
3. 热锅，加入2大匙色拉油，放入鲈鱼肉块轻轻推炒至肉色变白后盛出，备用。
4. 原锅放入西芹块、红甜椒块、胡萝卜片及所有调料略炒，再放入炒过的鲈鱼肉块炒匀，起锅前加入水淀粉勾芡炒匀即可。

美味应用

一条鱼的两面鱼肉，可以做成两种不同菜色，一道糖醋鱼块、一道碧绿炒鱼块，经济实惠。

清蒸鲜鱼

材料
鲈鱼1条，葱段、姜丝各20克，葱丝30克，
红辣椒丝少许，水80毫升，热油适量

调料
酱油1大匙，盐、胡椒粉各1/4茶匙，
鱼露、柴鱼酱油、香油各1茶匙，白糖1茶匙

做法
1. 先将鲈鱼收拾干净。
2. 取蒸盘，盘底放入葱段后摆上鲈鱼，再放
   入蒸锅中，以中火蒸约8分钟，即可取出。
3. 将葱丝、姜丝及红辣椒丝摆在蒸好的鲈鱼
   上，再淋上适量热油。
4. 续将所有调料与水混合煮沸，淋在鲈鱼上
   即可。

清蒸柠檬鱼

材料
鲈鱼1条，西红柿100克，洋葱丝30克，
辣椒末、蒜末、香菜梗末各1/2茶匙

调料
鱼露1大匙，柠檬汁2茶匙，白糖2茶匙，
盐1/2茶匙

做法
1. 鲈鱼洗净划刀，置于蒸盘中，备用。
2. 西红柿洗净去籽、切条，与其余材料及所
   有调料混合拌匀，淋在鱼面上，再将蒸盘
   放入锅中，以大火蒸约12分钟即可（可另
   加入柠檬片及香菜叶装饰）。

 美味应用 清蒸柠檬鱼是泰式及东南亚餐馆常
见的菜品，因地域性的问题，热带鱼种
都很适合用来制作此道菜，比如红鱼、
鲈鱼、罗非鱼等。

糖醋鱼

材料
黄鱼	1条
红甜椒丁	10克
青椒丁	10克
洋葱丁	15克
淀粉	适量
色拉油	适量

腌料
盐	1/2茶匙
胡椒粉	1/4茶匙
香油	1/4茶匙
米酒	1茶匙
蛋清	2大匙
淀粉	2大匙

调料
水	3大匙
白醋	5大匙
白糖	5大匙
酱油	1大匙
水淀粉	1茶匙

做法
1. 黄鱼收拾干净后，在鱼背两面各斜切6刀至骨，再将所有腌料混合涂抹于鱼身，备用。
2. 热锅至油温约180℃，将抹有腌料的黄鱼均匀地拍上淀粉，并从鱼背部下压定型，接着放入锅中，以中火炸约6分钟至金黄熟透后，捞出沥油，盛盘备用。
3. 原锅留少许油，加入所有调料（水淀粉除外）及红甜椒丁、青椒丁、洋葱丁，煮沸后加入水淀粉勾芡拌匀，最后淋在炸鱼上即可。

美味应用 制作糖醋鱼时，可以直接购买市售炸鱼，回来直接加工、淋酱即可。

红烧鱼

🍤 材料

大鲫鱼	1条
姜丝	15克
葱段	20克
红辣椒片	10克
面粉	少许
色拉油	适量
水	150毫升

🥢 腌料

姜片	10克
葱段	10克
米酒	1大匙
盐	少许

🧂 调料

白糖	1小匙
陈醋	1小匙
酱油	2.5大匙

📋 做法

1. 将鲫鱼处理干净后洗净,加入所有腌料腌约15分钟,再用厨房用纸拭干,并抹上少许面粉。

2. 热锅,倒入稍多的色拉油,待油温烧热至160℃,放入裹有面粉的鲫鱼炸约3分钟,取出沥油,备用。

3. 锅中留约1大匙油,放入姜丝、葱段、红辣椒片爆香,再加入所有调料与水煮沸,接着放入炸好的鲫鱼,以小火烧煮入味即可。

糖醋鱼块

📋 材料

鲈鱼	1条
洋葱	50克
红甜椒	20克
青椒	20克
水淀粉	1/2茶匙
色拉油	适量

🧂 腌料

盐	1/4茶匙
胡椒粉	1/8茶匙
淀粉	1/2茶匙
香油	1/2茶匙

🍶 调料

白糖	2大匙
白醋	2大匙
番茄酱	1大匙
盐	1/8茶匙
水	2大匙

🥣 裹粉料

淀粉	1大匙
蛋清	2大匙

📝 做法

1. 将鲈鱼切开去骨；青椒、红甜椒、洋葱均洗净、切三角块，备用。
2. 鲈鱼去骨后，只取用半边的鱼肉。
3. 将鲈鱼肉切小块。
4. 再将鲈鱼肉块加入所有腌料拌匀，腌制约5分钟，备用。
5. 将腌好的鲈鱼肉块加入所有裹粉料混合拌匀，备用。
6. 热锅，加入适量色拉油，放入拌匀的鲈鱼肉块以小火炸约2分钟，再以大火炸约30秒，捞起沥油，备用。重新热锅，放入青椒块、红甜椒块、洋葱块略炒，再放入所有调料炒匀，接着放入炸鱼块翻炒均匀，起锅前加入水淀粉勾芡炒匀即可。

大蒜烧鲜鱼

材料

鲫鱼	1条
大蒜	6瓣
葱段	20克
胡萝卜片	20克
面粉	3大匙
色拉油	少许

调料

蚝油	2大匙
米酒	3大匙
香油	1小匙
白糖	1小匙
白胡椒粉	适量

做法

1. 将鲫鱼洗净沥干后，在鱼身上划数刀，备用。
2. 将鱼身拍上薄薄的面粉后，放入油温为190℃的油中炸成两面呈金黄色后，捞起沥油，备用。
3. 取锅，加入少许油烧热，放入大蒜和葱段爆香，再加入所有调料、胡萝卜片和炸鱼，以中火烩煮5分钟至入味即可。

美味应用　将剥去薄膜的大蒜直接放入锅中爆炒，可避免烹饪过程中发生油爆的情况，且炒至外观略金黄微焦，更能增添整道菜的香气。

柠香烤鱼

材料
沙丁鱼2条，柠檬60克

调料
香油1小匙，盐1大匙，米酒1大匙

做法
1. 沙丁鱼洗净后，用厨房纸巾擦干，再将混合均匀的调料涂抹在鱼身上。
2. 柠檬榨汁，备用。
3. 将涂有调料的沙丁鱼放入烤箱中，以200℃的炉温烤约10分钟即可。
4. 将烤好的沙丁鱼取出，淋上新鲜的柠檬汁即可。

干烧鱼下巴

材料
鲷鱼下巴100克，葱10克，姜、红辣椒各5克，大蒜5瓣，水70毫升，色拉油适量

调料
白糖1小匙，盐1/2小匙，酱油、白醋各1小匙，米酒、香油各1大匙

做法
1. 葱、姜、大蒜、红辣椒均洗净切末，备用。
2. 热锅，倒入适量色拉油，放入鲷鱼下巴煎至两面金黄，取出备用。
3. 另热锅，倒入适量色拉油，放入葱末、姜末、大蒜末及红辣椒末爆香。
4. 再放入煎过的鲷鱼下巴及所有调料和水，转小火煮至汤汁收干即可。

美味应用 因为鲷鱼下巴肉质比较松软，只有先将其表面煎熟，才可避免烹饪时鱼肉松散的情况，且还会带有外酥里嫩的口感。

要买到性价比高又不失美味的鲫鱼，记得要选购鱼身在3~4指宽的鲫鱼最恰当，因为太小肉质不够肥美，太大价格又较高，相较之下选择中型的鲫鱼做这道菜既划算又不失美味。

葱烧鲫鱼

材料

鲫鱼	3条
姜	20克
葱	30克
白醋	50毫升
淀粉	适量
色拉油	适量
水	适量

调料

酱油	20毫升
香油	1小匙
白糖	1小匙

做法

① 先将鲫鱼去除鳞片，再将鲫鱼内脏清理干净后洗净，然后放入一容器中，加入50毫升的白醋腌制约1小时（每20分钟需翻面一次）。葱洗净切段；姜洗净切小片，备用。

② 将腌好的鲫鱼两面均匀裹上淀粉，备用。

③ 将裹有淀粉的鲫鱼放入油温为180℃的油锅中，炸至表面金黄酥脆，备用。

④ 取炒锅，加入1大匙色拉油烧热后，放入葱段、姜片以中小火爆香。

⑤ 再放入炸好的鲫鱼与所有调料，以中小火煮至汤汁呈浓稠状即可。

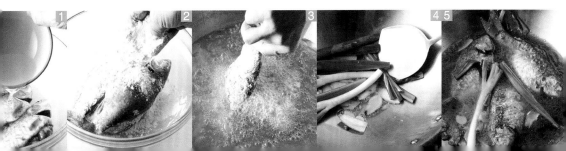

酥炸黄金多春鱼

🐟 材料

多春鱼	300克
面粉	1大匙
蛋清	35克
面包粉	适量
色拉油	适量

🧂 调料

盐	1/2大匙
白胡椒粉	少许
米酒	1大匙
番茄酱	3大匙

📋 做法

1. 将盐、白胡椒粉、米酒、面粉及蛋清拌匀成面糊，再放入处理好的多春鱼，腌制20分钟至入味，备用。
2. 将腌好的多春鱼两面均匀沾上面包粉，重复此操作步骤至材料用完，备用。
3. 热锅至油温约170℃，放入沾有面包粉的多春鱼，以中火炸约6分钟，至外表呈金黄色后捞起、沥油、盛盘。
4. 食用时蘸上番茄酱佐味即可。

干煎虱目鱼肚

材料
虱目鱼肚约400克，柠檬20克，欧芹适量，色拉油适量

腌料
米酒1大匙，香油、酱油各1小匙，盐、白胡椒粉各少许

做法
1. 先将虱目鱼肚洗净，放入混匀的腌料中腌制约10分钟，备用。
2. 将腌制好的虱目鱼肚以餐巾纸吸干，备用。
3. 取不粘锅入油烧热，将虱目鱼肚放入锅中，以小火将虱目鱼肚煎至双面上色且熟透后，即可盛盘，再放上柠檬和欧芹做装饰。

美味应用 可以到超市购买处理好的虱目鱼肚片，不仅烹调方便，还比直接买一整条虱目鱼便宜，而且口感也差不多。

酸菜炒三文鱼

材料
三文鱼300克，酸菜150克，葱10克，姜15克，大蒜3瓣，红辣椒1个，色拉油1大匙

调料
白醋、香油、酱油各1小匙，白糖1小匙，盐、白胡椒粉各少许

做法
1. 将三文鱼洗净后切成小块状；酸菜洗净，切成小块状，再泡冷水去除咸味；葱洗净切段；姜、大蒜、红辣椒均洗净切成片状，备用。
2. 取炒锅，先加入1大匙色拉油烧热，再放入葱段、姜片、大蒜片、红辣椒片炒香，接着放入酸菜块煸香。
3. 然后加入洗净的三文鱼块，稍翻炒后加入所有调料，以大火翻炒均匀至入味即可。

韭黄炒鳝糊

材料

鳝鱼	300克
韭黄	150克
姜	30克
大蒜	3瓣
红辣椒	1个
欧芹	少许
色拉油	1大匙

调料

白糖	1小匙
酱油	1小匙
沙茶酱	1小匙
盐	少许
白胡椒粉	少许
水淀粉	适量
香油	1小匙

做法

① 将鳝鱼收拾好后洗净，放入沸水中汆烫过水后，捞起、沥干。

② 将汆烫好的鳝鱼放入油温约190℃的油锅中，炸成酥脆状后捞出，再切成小条状，备用。

③ 将姜与大蒜都洗净切成碎状；红辣椒洗净切片；韭黄洗净后切成小段状，备用。

④ 取炒锅，加入1大匙色拉油烧热，放入姜碎、大蒜碎和红辣椒片，以中火爆香，再放入韭黄段翻炒均匀。

⑤ 续加入炸好的鳝鱼条与所有调料（水淀粉、香油除外），以大火翻炒均匀后，再以水淀粉勾薄芡，最后洒上香油、放上欧芹装饰即可。

鱼头鲜菇汤

材料
鲈鱼头	1个
鲜香菇	5朵
菠菜	30克
姜丝	20克
水	350毫升

调料
米酒	1茶匙
胡椒粉	少许
盐	1/2茶匙
鸡精	1/4茶匙

做法
1. 菠菜洗净切段；鲜香菇洗净，备用。
2. 鲈鱼头剖开、洗净，备用。
3. 取汤锅，加入水、姜丝、香菇煮沸，再放入鲈鱼头及所有调料，以小火煮约5分钟，起锅前加入菠菜段煮沸即可。

鲜鱼羹

📋 材料
鲈鱼肉	1/2面（约200克）
竹笋片	30克
老豆腐	1/2块
胡萝卜	20克
芦笋	10克
（或蔬菜梗）	
鲜香菇	3朵
水	330毫升
淀粉	1.5大匙

🧂 腌料
盐	适量
淀粉	适量

🧂 调料
盐	1/2茶匙
鸡精	1/2茶匙
胡椒粉	1/4茶匙
米酒	1/2茶匙
香油	1茶匙

🍳 做法
1. 将竹笋片、胡萝卜、老豆腐、鲜香菇均洗净切成菱形小块状；芦笋洗净切小丁；将材料中的淀粉和30毫升水混匀成水淀粉，备用。
2. 鲈鱼肉洗净切小丁，加入腌料抓匀，备用。
3. 将竹笋片、胡萝卜块、老豆腐块、香菇块、芦笋丁、腌过的鲈鱼肉丁分别汆烫后取出，备用。
4. 取汤锅，加入300毫升水煮沸，再将汆烫后的所有材料及所有调料放入，待煮沸后，加入事先混匀的水淀粉拌匀勾芡即可。

胡椒虾

材料
白虾8只，洋葱60克，葱20克，蒜末1/2茶匙，
奶油2茶匙，黑胡椒粉1/2茶匙，色拉油2茶匙

调料
盐1/4茶匙，酱油1/2茶匙，白糖1/2茶匙

做法
① 白虾洗净、剪须，用牙签挑去肠泥，备用。
② 洋葱洗净切片；葱洗净切段，备用。
③ 热锅，放入2茶匙色拉油，将处理好的白虾
煎至两面焦脆后，放入蒜末、洋葱片、葱
段及所有调料，以小火炒约2分钟，最后加
入奶油、黑胡椒粉炒匀即可。

干烧大虾

材料
草虾10只，洋葱50克，蒜末10克，色拉油1大匙

调料
红辣椒酱、白糖各1大匙，盐1/2茶匙，
番茄酱2大匙，水50毫升

做法
① 先将草虾剪去长须及足，再从背部划一刀，
深至虾身一半的深度，挑出肠泥，洗净沥
干，备用。
② 洋葱去皮，洗净后切丁，备用。
③ 热锅，倒入1大匙油，将处理好的草虾平铺
至锅中，以小火煎约1分钟，翻面续煎约1
分钟至两面变红、香气溢出。
④ 将蒜末、洋葱丁加入锅中，转中火与草虾
一起翻炒约30秒钟，再加入红辣椒酱、番
茄酱、水、盐及白糖，炒匀后盖上锅盖，
转小火焖煮，约3分钟后打开锅盖，转中火
将汤汁收干即可。

美味应用 体形较大的虾不容易入味，尤其是
带壳烹调，酱汁更不易进入虾肉。要维
持虾的完整又要快速入味，最好的方法
就是：先用剪刀将虾背剪开，除了剪开
外壳，虾背部分的肉也剪开约一半的深
度。而且，这样处理的虾在加热后还能
卷成更漂亮的形状。

奶油烤鲜虾

材料

草虾10只，大蒜3瓣，欧芹1小匙

调料

无盐奶油2大匙，黑胡椒粉、盐各少许

做法

1. 先将草虾剪去触须，再划开虾背去肠泥后洗净；大蒜洗净切末；欧芹洗净切末，备用。
2. 将处理好的草虾放在烤盘中，再在虾背上摆上蒜末、欧芹末和所有调料。
3. 将烤箱以200℃预热约10分钟后，将草虾放入烤盘，以200℃烤约10分钟即可。

> **美味应用**
>
> 烤前可以先将鲜虾的背部划开，这样虾不仅更易入味，也不会缩得太小。

清蒸沙虾

材料

沙虾300克，蒜末、葱末各10克，姜末5克

调料

米酒、酱油各1大匙，芥末少许

做法

1. 将沙虾剪去头部的刺、须，挑去肠泥洗净，加入米酒拌匀后，放入蒸笼蒸约7分钟，再放入蒜末、葱末、姜末，继续蒸约30秒取出。
2. 食用时蘸上芥末、酱油调和的酱汁即可。

> **美味应用**
>
> **鲜虾变虾仁处理法**
>
> 1. 一手拿住虾身，一手捏住虾头，轻轻剥开头和身体，先去掉头部。
> 2. 再将虾壳一节节全部剥开。
> 3. 用刀在虾背上横剖一刀但不切断，这样烹饪时会更容易入味。
> 4. 用牙签挑去肠泥，再洗净即可。

烧酒虾

🍲 材料
草虾	300克
姜	15克
葱	20克
色拉油	1大匙

🧂 调料
当归	1片
枸杞子	1大匙
红枣	1大匙
黄芪	3片
米酒	150毫升
盐	少许
白胡椒粉	少许

📋 做法
1. 先将草虾洗净，剪去触须。
2. 再用牙签挑去虾背中的肠泥，备用。姜洗净切丝；葱洗净切小段，备用。
3. 取炒锅，加1大匙色拉油烧热后，加入姜丝、葱段，以中火爆香，再加入所有调料，续以中火煮沸。
4. 于煮沸后的汤汁中加入处理好的草虾。
5. 待汤汁再次煮沸后关火，继续闷至汤汁稍凉即可。

美味应用　新鲜的草虾价格不便宜，其实自己在家做这道烧酒虾时，可以购买冷冻虾，因为冷冻虾是急速冷冻的，保鲜度高，且比新鲜虾便宜。

腰果虾仁

材料

虾仁	200克
腰果	50克
青椒	40克
黄椒	40克
蒜末	10克
色拉油	适量

腌料

淀粉	1小匙
盐	少许
米酒	1小匙
蛋清	1/2大匙

调料

酱油	1/2小匙
盐	少许
白糖	1小匙
白醋	1/2小匙
淀粉	1/2小匙
水	1/2大匙

做法

1. 虾仁去肠泥后洗净沥干，放入腌料拌匀腌约10分钟，再放入热油中过油后，捞出沥油，备用。
2. 青椒、黄椒均洗净切片，备用。
3. 所有调料拌匀，备用。
4. 热油锅，放入蒜末爆香后，放入青椒片、黄椒片略炒，再加入过油后的虾仁及拌匀的调料，一同翻炒入味，最后放入腰果翻炒均匀即可。

美味应用 挑选腰果时，以整齐均匀、色白饱满、味香身干、含油量高者为上品，保存得宜可放1年左右。

金钱虾饼

材料

白虾	8只
凉薯	60克
鱼浆	80克
蒜酥	1/2茶匙
面包粉	适量
色拉油	适量

调料

盐	1/2茶匙
白糖	1/2茶匙
胡椒粉	1/4茶匙
香油	1/2茶匙
淀粉	1/2茶匙

做法

① 白虾去壳、去肠泥，洗净沥干，切小丁，备用。

② 凉薯去皮切细末，挤干水分，备用。

③ 将虾仁丁加入盐搅拌，再加入鱼浆、凉薯末、其余调料、蒜酥拌匀。

④ 将拌匀后的虾仁丁捏成数颗丸子，沾上面包粉后压成扁圆形，即生虾饼。

⑤ 将生虾饼放入热油锅中炸约3分钟至金黄酥脆后，捞出沥油，即可盛盘（可另搭配番茄酱蘸食）。

美味应用 　要增加虾饼的分量，可以加入鱼浆及凉薯这类较便宜的食材一起搅拌，如此一来既能减少虾仁丁的用量，降低成本，营养也更丰富。

月亮虾饼

🍥 材料

春卷皮	2张
虾仁	200克
荸荠	60克
蒜末	5克
姜末	5克
葱末	10克
猪肥肉馅	20克
蛋清	20克
色拉油	3大匙

🧂 调料

盐	1/4小匙
白糖	少许
米酒	少许
胡椒粉	少许
淀粉	1大匙
香油	1/4小匙

📖 做法

1. 虾仁去肠泥后洗净，拍扁剁碎；荸荠洗净去皮，拍扁剁碎，备用。

2. 将虾仁碎加入盐搅拌出黏性后，加入白糖、米酒、胡椒粉拌匀，续加入荸荠碎、蒜末、姜末、葱末与蛋清拌匀，再加入猪肥肉馅及淀粉、香油拌匀，摔打数次，即为虾泥。取一张春卷皮摊平，放上虾泥铺平。

3. 再盖上另一张春卷皮压紧，即为生虾饼，再用牙签于表面均匀戳洞，备用。

4. 取锅加热，倒入3大匙色拉油，放入生虾饼，以小火煎至两面金黄熟透后，即可切块盛盘（可另搭配泰式梅酱蘸食）。

美味应用 虾仁需添加部分猪肥肉馅一起做成虾泥。添加猪肥肉馅可让虾仁的口感更滑嫩，避免全部使用虾仁做成的虾泥口感较涩的情况。

滑蛋虾仁

材料
白虾8只，鸡蛋3个，西红柿100克，
葱花2茶匙，色拉油2大匙

调料
香油、水淀粉各1/2茶匙，盐1/2茶匙，
胡椒粉1/4茶匙

做法
1. 白虾去壳、去肠泥，洗净沥干，备用。
2. 西红柿洗净切丁，备用。
3. 鸡蛋打散，加入所有调料拌匀，再加入葱花、西红柿丁拌匀，备用。
4. 热锅，加入2大匙色拉油，放入虾仁炒1分钟，再倒入拌匀的西红柿鸡蛋液，以中火炒至蛋液略凝固即可。

甜辣虾仁

材料
虾仁120克，胡萝卜、鲜香菇各10克，
豌豆荚、姜各5克，油2大匙

腌料
盐1/2茶匙，淀粉1大匙，米酒1大匙

调料
甜辣酱2大匙

做法
1. 虾仁洗净，背部划一刀后去肠泥，放入所有腌料腌5分钟；香菇、胡萝卜、姜均洗净切片；豌豆荚入沸水烫熟，备用。
2. 取锅加热，倒入2大匙油，放入腌好的虾仁炸熟后，捞起沥干。
3. 原锅留少许油，放入香菇片、豌豆荚、胡萝卜片与姜片炒香，再加入炸熟的虾仁与甜辣酱，一同翻炒均匀即可。

美味应用
一般市面上卖的虾仁，其新鲜度难以保证，建议购买新鲜带壳虾，回家自己剥壳，这样获得的虾仁较新鲜。

沙茶鲜虾粉丝煲

材料

白虾	8只
粉丝	1把
红甜椒	10克
青椒	10克
蒜末	1/2茶匙
色拉油	1大匙
水	300毫升

调料

酱油	1茶匙
白糖	1/2茶匙
沙茶酱	1大匙

做法

1. 白虾洗净、剪须，用牙签挑去肠泥，备用。
2. 粉丝泡水至软后沥干；青椒、红甜椒均洗净切小丁。
3. 热锅，放入1大匙色拉油，将处理好的白虾煎至两面焦脆，再放入蒜末略炒，然后加入所有调料与水煮约3分钟，接着加入泡软的粉丝、青椒丁和红甜椒丁，煮约1分钟至入味即可。

菠萝虾球

材料

白虾	8只
菠萝	80克
沙拉酱	5大匙
淀粉	适量
色拉油	适量

脆浆材料

面粉	4大匙
淀粉	1大匙
泡打粉	1/2茶匙
色拉油	1茶匙
水	适量

调料

盐	1/8茶匙
胡椒粉	少许
香油	少许
淀粉	适量

做法

① 将白虾去壳、去肠泥；菠萝洗净切小片，加入2大匙沙拉酱拌匀，置于盘底，备用。

② 用刀从虾仁背部剖至虾身1/3处，再将虾仁洗净沥干，备用。

③ 将处理好的虾仁加入所有调料抓匀。

④ 将抓匀后的虾仁沾上材料中的淀粉。

⑤ 再沾上混匀的脆浆材料。

⑥ 取锅，加入材料中的色拉油烧热，放入沾有粉浆的虾仁，炸约2分钟至金黄酥脆后，捞出沥油，盛入以菠萝片垫底的盘内。食用时可搭配剩余3大匙沙拉酱。

虾头味噌汤

🍲 做法

1. 白虾取用虾头、虾壳；老豆腐切丁，备用。

2. 取汤锅，加水500毫升煮沸，放入虾头、虾壳、味噌、老豆腐丁、白糖，再次煮至沸腾后，即可熄火。

3. 食用前加入海苔片、撒入葱花即可。

蒜苗炒海蜇头

材料

蒜苗	300克
海蜇头	250克
大蒜	3瓣
葱	20克
红辣椒	1个
水淀粉	少许
色拉油	1大匙

调料

辣豆瓣	1大匙
盐	少许
白胡椒粉	少许
米酒	1大匙
香油	1小匙

做法

① 先将海蜇头洗净，泡入冷水中约2小时去咸味，再切成小块状，备用。

② 蒜苗和葱均洗净、切斜片；大蒜和红辣椒均洗净切小片，备用。

③ 取炒锅，加入1大匙色拉油烧热，再放入蒜苗片、葱片、大蒜片、红辣椒片，以中火爆香。

④ 续放入海蜇头块和所有调料，以大火快速翻炒均匀，最后以水淀粉勾薄芡即可。

美味应用　　人们时常用海蜇皮做凉拌菜，反而海蜇头的菜肴较少，因为许多人不知如何烹饪海蜇头。其实海蜇头的售价不仅较便宜，而且口感也不输海蜇皮，用来炒或烩都很美味。

炸蚵仔酥

材料

牡蛎50克，罗勒5克，地瓜粉适量，色拉油适量

调料

胡椒盐适量

做法

1. 牡蛎挑去杂壳后洗净沥干，再均匀裹上地瓜粉，备用。
2. 罗勒洗净沥干，摘取嫩叶，备用。
3. 热锅，加入适量色拉油，将沾有地瓜粉的牡蛎放入，炸约1分钟后捞出沥油，备用。
4. 原锅放入罗勒叶略炸后，捞出铺盘底，再放上炸熟的牡蛎即可。可依个人喜好另搭配胡椒盐蘸食。

豆豉鲜蚵

材料

牡蛎150克，豆豉10克，蒜苗100克，大蒜3瓣，红辣椒1个，嫩豆腐1盒，色拉油适量

调料

酱油2大匙，白糖1小匙，米酒、香油各1小匙

做法

1. 牡蛎洗净，放入沸水中氽烫后捞起沥干；蒜苗、大蒜、红辣椒均洗净切末；嫩豆腐切丁，备用。
2. 热锅，加入适量色拉油，放入蒜苗末、蒜末、红辣椒末、豆豉炒香，再加入氽烫后的牡蛎及所有调料（香油除外）翻炒均匀，接着加入嫩豆腐丁轻轻翻炒，起锅前加入香油炒匀即可。

塔香海瓜子

📋 材料

海瓜子	350克
罗勒	适量
大蒜	3瓣
红辣椒	1/2个
葱	10克
水淀粉	少许
色拉油	1大匙

🍶 调料

酱油	1大匙
米酒	1大匙
盐	少许
白胡椒粉	少许
香油	1小匙

📖 做法

1. 将海瓜子泡入盐水中吐沙，备用。
2. 罗勒洗净；大蒜与红辣椒洗净切片；葱洗净切段，备用。
3. 取炒锅，加入1大匙色拉油烧热后，加入大蒜片与红辣椒片以中火爆香。
4. 续加入吐沙完全的海瓜子和所有调料翻炒均匀，再放入罗勒和葱段，以大火快速炒匀，最后以水淀粉勾薄芡即可。

西芹鱿鱼中卷

材料

鱿鱼中卷	250克
西芹	80克
葱	10克
姜	10克
胡萝卜	10克
黄甜椒	10克
色拉油	适量

调料

盐	1/2小匙
白糖	1/2小匙
米酒	1大匙
鲜美露	1小匙
白胡椒粉	少许

做法

1. 将鱿鱼中卷去除内脏后洗净，表面切花刀再切小片，放入沸水中汆烫至熟，捞起沥干；西芹削去表面粗筋后洗净切菱形段，再汆烫至熟，备用。

2. 葱洗净切段；姜洗净切片；胡萝卜洗净去皮切片；黄甜椒去籽洗净切菱形块，备用。

3. 热锅，倒入适量油，放入葱段与姜片爆香，再放入胡萝卜片、黄甜椒块翻炒均匀。

4. 接着加入鱿鱼中卷片、西芹段与所有调料，一同翻炒均匀至熟即可。

葱油蚵

材料
牡蛎150克，葱10克，姜5克，红辣椒1/2个，香菜少许，淀粉适量，色拉油1小匙

调料
鱼露2大匙，香油、米酒各1小匙，白糖1小匙

做法

1. 牡蛎洗净沥干，均匀裹上淀粉，再放入沸水中汆烫至熟后，捞起摆盘。

2. 葱、姜、红辣椒均洗净切丝，然后全部放入清水中浸泡至卷曲，再捞出沥干，放在烫熟的牡蛎上。

3. 热锅，加入色拉油及所有调料翻炒均匀后，淋在盘中的食材上，再撒上香菜即可。

三杯鱿鱼中卷

材料
鱿鱼中卷300克，大蒜6瓣，姜2片，红辣椒4片，罗勒叶10片，黑芝麻油1大匙

调料
米酒1大匙，白糖1/2大匙，酱油1/2大匙

做法

1. 鱿鱼中卷洗净沥干后，切成小圈状，备用。

2. 取锅，加入黑芝麻油烧热，再加入大蒜、姜片和红辣椒片炒香，接着放入所有调料和鱿鱼中卷圈，以小火煮约5分钟，至汤汁浓稠后加入罗勒叶拌匀即可。

芹菜炒鱿鱼

材料
鱿鱼100克，芹菜250克，蒜末、姜末各10克，辣椒片15克，色拉油2大匙

调料
盐、白糖各1/4小匙，胡椒粉少许，米酒1大匙

做法
1. 鱿鱼洗净切条，放入沸水中氽烫后捞出，备用。
2. 芹菜洗净切段，备用。
3. 热锅，加入2大匙油，放入蒜末、姜末爆香后，再加入芹菜段翻炒，接着加入氽烫后的鱿鱼条及所有调料，以大火快炒至入味，起锅前加入辣椒片炒匀配色即可。

姜丝墨鱼

材料
墨鱼200克，姜10克，葱5克，红辣椒1/2个

调料
盐1/2大匙，鱼露2大匙，白胡椒粉少许，香油少许，米酒1大匙

做法
1. 姜、葱、红辣椒均洗净、切丝；墨鱼洗净，备用。
2. 将洗净的墨鱼加入姜丝及所有调料，放入蒸笼以大火蒸约6分钟。
3. 再在墨鱼上撒上葱丝及红辣椒丝，继续放回蒸笼，蒸约1分钟后即可取出。

椒盐鲜鱿

🍽 材料

鲜鱿鱼	180克
葱末	20克
蒜末	20克
红辣椒	1个
玉米粉	1/2杯
吉士粉	1/2杯
色拉油	适量
蛋黄	20克

🧂 调料

盐	1/4小匙
白糖	1/4小匙
白胡椒盐	1/4小匙

📋 做法

1. 将鲜鱿鱼洗净，剪开后去除内层薄膜，在其内面交叉斜切花刀，再用厨房纸巾略微拭干；红辣椒洗净切末，备用。
2. 将处理好的鱿鱼加入所有调料（白胡椒盐除外）及蛋黄拌匀，备用。
3. 将玉米粉、吉士粉混合均匀，即成炸粉。
4. 将拌有调料的鱿鱼两面均匀地裹上炸粉。
5. 热油锅（油量需盖过鲜鱿鱼）至油温约为160℃，放入裹有炸粉的鱿鱼，以大火炸约1分钟，至表面金黄酥脆后，捞起沥油。
6. 锅底留少许油，以小火爆香葱末、蒜末和红辣椒末，再加入炸好的鱿鱼和白胡椒盐，以大火快速翻炒均匀即可。

客家小炒

🍖 材料

猪五花肉	100克
豆干	50克
干鱿鱼	50克
葱段	20克
大蒜	4瓣
红辣椒	1个
芹菜	50克
色拉油	适量
水	50毫升

🧂 调料

酱油	1大匙
米酒	1大匙
白糖	1小匙
盐	1/2小匙
白胡椒粉	1/2小匙
香油	1小匙

📋 做法

① 将干鱿鱼泡水至软后，剪成条状，备用。

② 猪五花肉洗净切条；豆干洗净切片；芹菜洗净切段；大蒜、红辣椒均洗净切片，备用。

③ 热锅，加入适量色拉油，放入芹菜段、葱段、蒜片、红辣椒片炒香，再加入泡软的鱿鱼条、猪五花肉条、豆干片、水及所有调料，快速炒均匀至熟即可。

炒三鲜

材料

虾仁	80克
墨鱼	100克
海参	100克
洋葱	100克
青椒	20克
红辣椒	20克
姜末	5克
蒜末	5克
色拉油	2大匙

调料

盐	1/2小匙
鸡精	1/2小匙
白糖	1/4小匙
陈醋	1小匙
香油	少许

做法

1. 将虾仁背部划一刀去肠泥洗净；墨鱼洗净切片；海参洗净切块，放入沸水中汆烫去腥，捞起沥干，备用。
2. 洋葱、青椒均洗净切丝；红辣椒洗净切小段，备用。
3. 热锅，放入色拉油、蒜末、姜末、红辣椒段爆香，再放入洋葱丝，炒数下后加入虾仁、墨鱼片、海参块与青椒丝，炒至虾仁变红。
4. 最后加入所有调料翻炒均匀即可。

美味应用 想要节省成本又不影响美味，可以稍微增加蔬菜的分量。另外，将虾仁的背部划开、墨鱼切花，不仅能让分量看起来更多，也较容易吸收汤汁，让整道菜不仅看起来美观，尝起来更美味。

炒三色墨鱼

材料

墨鱼	150克
西芹	60克
红甜椒	20克
黄甜椒	20克
葱	10克
大蒜	3瓣
色拉油	适量

调料

鲜美露	1大匙
白糖	1小匙
米酒	1大匙
香油	1小匙

做法

1. 墨鱼洗净切花，再切小块，放入沸水中稍氽烫后捞出；西芹、红甜椒、黄甜椒均洗净切片；葱洗净切段；大蒜洗净切末，备用。
2. 热锅，加入适量色拉油，放入葱段、蒜末爆香，再加入西芹片、红甜椒片、黄甜椒片炒香。
3. 接着加入氽烫后的墨鱼块及所有调料翻炒均匀即可。

酥炸墨鱼丸

🦑 材料

墨鱼头	80克
鱼浆	80克
白馒头	30克
鸡蛋	1个
色拉油	适量

🧂 调料

盐	1/4茶匙
白糖	1/4茶匙
胡椒粉	1/4茶匙
香油	1/2茶匙
淀粉	1/2茶匙

📋 做法

① 将墨鱼头切小丁后用纸吸干；鸡蛋打散搅匀成鸡蛋液，备用。

② 白馒头泡水至软，挤去多余水分后切丁，备用。

③ 将墨鱼头丁、白馒头丁、鱼浆、鸡蛋液及所有调料混合拌匀后，挤成数颗丸子。

④ 再将丸子放入热油锅中，以小火炸约4分钟至金黄浮起，捞出沥油，即可盛盘。

美味应用　选用墨鱼头来制作墨鱼丸，会比选用整只墨鱼制作更便宜，同时加入鱼浆及馒头丁更能增加分量，口感也会更有弹性。

避风塘蟹脚

材料

蟹脚150克，大蒜8瓣，豆酥20克，葱花10克，色拉油适量

调料

白糖1小匙，七味粉1大匙，辣豆瓣酱1/2小匙

做法

① 蟹脚洗净，用刀背将外壳拍裂，再放入沸水中煮熟，捞起沥干，备用。

② 将大蒜剁成末，放入热油锅中炸成蒜酥，捞起沥油，备用。

③ 锅中留少许油，放入豆酥炒至香酥，再放入煮熟的蟹脚、蒜酥、葱花及所有调料，一同翻炒均匀即可。

烩什锦

材料

海参1只，虾仁5只，水发鱿鱼100克，鹌鹑蛋3个，竹笋片、胡萝卜片各20克，甜豆10克，鱼板4块，蒜末1/2茶匙，鸡汤（或水）80毫升，色拉油少量

调料

盐1/2茶匙，香油1/2茶匙，胡椒粉1/4茶匙，蚝油、水淀粉各1大匙，黄酒1茶匙

做法

① 将海参、虾仁、水发鱿鱼、鹌鹑蛋、竹笋片、胡萝卜片、甜豆、鱼板洗净后，放入沸水中汆烫，再捞起过凉，备用。

② 热锅，放入少量色拉油，爆香蒜末，再加入黄酒、鸡汤，接着放入汆烫后的所有食材，待汤汁沸腾后，加入剩余调料（水淀粉除外）拌匀，最后以水淀粉勾芡即可。

五味小章鱼

材料
小章鱼300克，大蒜、姜、香菜、红辣椒各5克

调料
酱油、白醋、香油各1大匙，矿泉水2大匙，
白糖、番茄酱各1大匙

做法
1. 将大蒜、姜、香菜、红辣椒均洗净切末，再与所有调料一起搅拌均匀成五味酱，备用。
2. 将小章鱼放入沸水中氽烫至熟后捞起、沥干，备用。
3. 食用小章鱼时，蘸上适量五味酱即可。

呛辣炒蟹脚

材料
蟹脚150克，葱10克，大蒜4瓣，红辣椒1个，
罗勒5克，色拉油适量

调料
白糖、沙茶酱各1小匙，香油少许，
米酒、酱油各1大匙

做法
1. 蟹脚洗净，用刀背将外壳拍裂，再放入沸水中煮熟，捞起沥干，备用。
2. 葱洗净切小段；大蒜、红辣椒均洗净切末，备用。
3. 热锅，倒入适量色拉油，放入葱段、大蒜末、红辣椒末爆香。
4. 再加入煮熟的蟹脚及所有调料翻炒均匀。
5. 最后放入罗勒炒熟即可。

沙茶炒螺肉

材料

螺肉	300克
大蒜	10瓣
红辣椒	1个
罗勒	适量
葱	10克
色拉油	1大匙

调料

沙茶酱	1大匙
盐	少许
白胡椒粉	少许
白糖	少许

做法

1 将螺肉洗净后沥干；葱洗净切段；大蒜与红辣椒均洗净切成片状；罗勒洗净，备用。

2 取炒锅，先加入1大匙色拉油烧热，再放入葱段、大蒜片与红辣椒片，以中火爆香。

3 续加入螺肉与所有调料，以中火翻炒均匀后，再加入罗勒略翻炒即可。

泰式炒海鲜

白虾	5只
墨鱼	50克
洋葱	60克
圣女果	4颗
罗勒	适量
蒜末	1/2茶匙
色拉油	2茶匙
水	1/3碗

🧂 调料

酱油	1茶匙
白糖	1/2茶匙
辣椒酱	1茶匙

🍴 做法

① 白虾洗净、去壳留头；墨鱼洗净切小块，备用。

② 洋葱洗净切片；圣女果洗净对切；罗勒洗净，备用。

③ 热锅，加入2茶匙色拉油，放入蒜末炒香，再加入白虾、墨鱼块炒约2分钟，接着加入洋葱片、圣女果块、水及所有调料煮约2分钟，最后放入罗勒快速翻炒均匀即可。

美味应用 海鲜可以加入水果一起炒，不但风味独特，海鲜用量也能减少，既省钱又好吃，一举两得。

凉拌海鲜

材料

墨鱼	400克
虾仁	80克
菠萝肉	100克
小黄瓜	1条
蒜末	1/2茶匙
红辣椒末	1/4茶匙
冷开水	适量

调料

泰式鸡酱	2大匙
柠檬汁	1茶匙
盐	1/2茶匙
白糖	1茶匙

做法

① 墨鱼洗净，剥去外膜后切圆圈状；虾仁加少许盐搓洗后冲净，备用。

② 将墨鱼圈、虾仁分别入沸水中汆烫约2分钟后，捞起冲冷开水过凉，沥干备用。

③ 小黄瓜洗净切丝，冲冷开水约10分钟后沥干；菠萝肉切粗丝，沥干备用。

④ 取一大碗，放入烫熟的墨鱼圈、虾仁及小黄瓜丝、菠萝肉、蒜末、红辣椒末，再加入所有调料，一同拌匀即可。

美味应用 凉拌海鲜吃起来酸酸甜甜的，深受众人的喜爱。在做这道菜时想节省成本，可以多加一条小黄瓜，不仅可以增加分量，而且小黄瓜清脆的口感和海鲜很搭。

鲜果海鲜卷

材料

鱼肉	50克
墨鱼肉	30克
去皮香瓜	50克
胡萝卜	20克
洋葱	20克
蛋黄酱	2大匙
春卷皮	6张
水	6大匙
低筋面粉	2大匙
水淀粉	1大匙
面包粉	适量
色拉油	适量

调料

盐	1/2茶匙
白糖	1/4茶匙

做法

1. 香瓜、洋葱、胡萝卜均洗净切小丁，备用。
2. 鱼肉、墨鱼肉均切丁，分别氽烫后沥干，备用。
3. 热锅，加入适量色拉油，放入洋葱丁以小火略炒，再加入3大匙水、鱼肉丁、墨鱼肉丁、胡萝卜丁及所有调料一同煮沸。
4. 接着加入水淀粉勾浓芡后熄火，放凉约10分钟后，加入蛋黄酱及香瓜丁拌匀，即为鲜果海鲜馅料。
5. 低筋面粉加入3大匙水调成面糊，备用。
6. 将春卷皮稍沾开水后取出，放入1大匙鲜果海鲜馅料卷起，然后整卷沾上面糊，再均匀裹上面包粉，即为鲜果海鲜卷。
7. 取锅，加色拉油烧热，将鲜果海鲜卷放入锅中，以低油温、中火炸至金黄浮起，捞出沥油后盛盘即可。

泡菜海鲜煎饼

🍽 材料

墨鱼	40克
虾仁	40克
牡蛎	40克
葱段	15克
韭菜段	20克
泡菜段	120克
色拉油	适量

🍚 面糊材料

中筋面粉	100克
玉米粉	30克
水	150毫升

🍶 调料

盐	少许
白糖	1/4小匙
鸡精	少许

📋 做法

1️⃣ 墨鱼洗净切片；虾仁洗净去肠泥；牡蛎洗净沥干。

2️⃣ 中筋面粉、玉米粉过筛，再加入面糊材料中的水一起搅拌均匀成糊状，静置约40分钟。

3️⃣ 40分钟后，加入所有调料及葱段、韭菜段、泡菜段、墨鱼片、虾仁、牡蛎，一同混合拌匀，即为韩式海鲜面糊，备用。

4️⃣ 取平底锅加热，倒入适量色拉油，再加入韩式海鲜面糊，以小火煎至两面皆金黄熟透后，即可盛盘。

美味应用　泡菜带有水分，加入面糊前要先挤去汁液，这样加入已调匀的面糊中时，才不会影响面糊的浓稠度，可避免煎制过程中不易成形的情况发生，因此带有水分的食材，煎制前都要先挤干。

PART 3

清淡可口之
美食篇

随着四季的变化，每个季节都有不同的时令蔬菜，例如夏天的空心菜，冬天的圆白菜等。所以，只要选对蔬菜，每餐都有既营养又新鲜的好味道。

鸡蛋、豆腐是最容易买到的食材，且方便烹饪、价格又不高，只要花小钱，就能享用这些美味食材带来的不同菜色。

蔬菜、蛋、豆类便宜好吃秘诀

秘诀 1:
挑选当季食材最划算

　　想要吃得营养美味且价格便宜，去菜市场买菜时，要尽量挑选当季盛产的蔬菜，它们通常具有供应量大、新鲜、价格便宜的特点。

秘诀 2:
鸡蛋烹调多样菜

　　鸡蛋是非常独特的食材，它具有多变的特性，因此也能搭配出许多不同口味的佳肴。例如利用它遇热凝固的特性，可以做成蒸蛋、烩蛋、烘蛋等美食；打散后拿来炒成蛋炒饭，又是另一种风味。

秘诀 3:
豆腐、豆干较便宜

　　相对来说，豆腐、豆干算是价格较便宜的美味食材了，当菜价较高时，不妨多选择这些食物做替代。而且，豆腐、豆干较易入味，只要买一块豆腐或一块豆干，加入配料快炒即成。

鱼香茄子

材料

茄子	500克
猪肉馅	50克
咸鱼	15克
蒜末	1/2茶匙
姜末	1/2茶匙
葱花	1茶匙
水	100毫升
水淀粉	1茶匙
色拉油	1大匙

调料

辣豆瓣酱	1茶匙
蚝油	1茶匙
酱油	1/2茶匙
白糖	1/2茶匙
鸡精	1/4茶匙

做法

1. 茄子洗净削皮（表面保留少许皮），再切块，备用。
2. 将茄子块放入160℃的热油中炸至软，即可捞出沥油，再放入沸水中汆烫去油，捞出沥干，备用。
3. 热锅，放入1大匙色拉油，放入姜末、蒜末、咸鱼以小火炒香，再放入猪肉馅炒至肉色变白。
4. 续加入辣豆瓣酱略炒。
5. 接着加入水和其余调料煮匀，再加入炸好的茄子煮沸，起锅前以水淀粉勾芡后盛盘，最后撒上葱花即可。

美味应用 做鱼香茄子的茄子一定要先油炸过，炸到以锅铲轻压，茄子变软即可捞起，如此再烹饪茄子，就会比较香且不会变软烂。

干煸四季豆

材料

四季豆	300克
猪肉馅	80克
蒜末	1/2茶匙
姜末	1/4茶匙
红辣椒末	1/4茶匙
开水	2大匙
色拉油	适量

腌料

盐	1/4茶匙
淀粉	1/2茶匙

调料

辣豆瓣酱	1大匙
白糖	1/2茶匙
酱油	1茶匙

做法

1. 将四季豆摘去两端老梗后洗净沥干，备用。
2. 猪肉馅加入腌料拌匀，备用。
3. 热锅，加色拉油烧热后，放入洗净的四季豆，以大火将其表面略炸焦，再捞出沥油，备用。
4. 原锅留少许油，放入腌过的猪肉馅炒至肉色变白后，加入姜末、蒜末、红辣椒末、辣豆瓣酱炒香。
5. 再放入炸过的四季豆、开水及白糖、酱油，以小火煸炒至干香即可。

苍蝇头

材料

韭菜花	50克
猪肉馅	200克
红辣椒圈	1/2小匙
蒜末	1/2小匙
豆豉	1/4小匙
色拉油	少许

调料

酱油	1/2小匙
白糖	1/4小匙
香油	1/4小匙

做法

1. 韭菜花洗净沥干，切成小丁状，备用。
2. 取锅，加入少许色拉油烧热，再加入猪肉馅炒香，接着放入红辣椒圈、蒜末、豆豉、所有调料和韭菜花丁，以大火翻炒均匀即可。

美味应用　韭菜和韭菜花的售价相差不大，不过在菜色上却有差别。因为苍蝇头菜肴特别讲究吃起来的口感，所以选择口感上较脆的韭菜花为主要食材。而香气较浓的韭菜，可用来快炒或包水饺，口感更佳。

咸蛋苦瓜

材料
咸鸭蛋2个，苦瓜450克，蒜末10克，
葱末、红辣椒片各5克，色拉油2大匙

调料
米酒1大匙，白糖、鸡精各1/2小匙，盐少许

做法
1. 咸鸭蛋去壳、切小块，备用。
2. 苦瓜洗净切开去籽后切片，放入沸水中烫熟，捞起沥干，备用。
3. 热锅，倒入色拉油，再放入蒜末、咸鸭蛋块爆香，炒至起泡时，放入烫熟的苦瓜片、红辣椒片、葱末及其余调料，共同炒至入味即可。

油焖苦瓜

材料
白苦瓜600克，酸菜、红辣椒丝各30克，
姜片10克，水200毫升，色拉油适量

调料
酱油1大匙，白糖1/2小匙，盐少许，米酒1小匙

做法
1. 白苦瓜洗净后去头尾，剖开去籽后切大块；酸菜洗净切小段，备用。
2. 将白苦瓜块放入热油锅中略炸，捞出沥油，备用。
3. 取锅烧热后，倒入适量油，加入姜片爆至微香，放入炸过的白苦瓜块、酸菜段、红辣椒丝及所有调料，一同翻炒均匀，最后倒入水，以小火焖煮入味即可。

蛤蜊丝瓜

材料

蛤蜊	600克
丝瓜	300克
蒜末	20克
姜丝	15克

调料

盐	1小匙
鸡精	1/2小匙
米酒	1小匙
香油	1小匙

做法

1. 蛤蜊放入盐水中吐沙洗净；丝瓜洗净削皮，切开去籽后切小块，备用。
2. 取一张适当大小的铝箔纸，放入丝瓜块、蛤蜊、蒜末、姜丝及所有调料，再盖上另一张同样大小的铝箔纸，并将四边卷起压紧成铝箔包。
3. 将铝箔包放入蒸锅中，以大火蒸约20分钟。
4. 取出蒸锅中的铝箔包，在上方剪出一个十字缺口，即可打开食用。

开阳白菜

材料

大白菜	600克
虾米	20克
姜末	5克
色拉油	少许
高汤	50毫升

调料

盐	1/2小匙
白糖	1/4小匙
水淀粉	2小匙
香油	1小匙

做法

1. 大白菜洗净沥干后切块，再放入沸水中汆烫至变软，捞出沥干，备用。
2. 虾米以开水浸泡约2分钟后，洗净沥干，备用。
3. 热锅，倒入色拉油，放入姜末及虾米，以小火炒香，再加入汆烫后的大白菜及高汤、盐、白糖，以中火续煮约2分钟。
4. 最后以水淀粉勾芡，淋上香油即可。

美味应用

青菜以大火快炒几下即可，但是遇到有硬梗的蔬菜，比如大白菜、圆白菜，可就要花上较长的时间才能炒到软。所以，可在下锅炒之前，先用热水稍微汆烫一下，烫过的余温可以让菜梗很快软化，烫好捞出的时候记得沥干，这样才不会淡化整道菜的味道，还可以避免炒的时候发生油爆现象。

奶油焗白菜

材料

白菜	300克
虾仁	100克
鱿鱼中卷	100克
洋葱末	50克
蒜片	15克
白萝卜片	50克
芹菜末	30克
奶油	1大匙
牛奶	240毫升
面粉	100克
奶酪丝	适量

调料

盐	1/2小匙
白糖	1/2小匙
白胡椒粉	1/4小匙

做法

1. 白菜洗净切块，放入沸水中汆烫至软，捞起沥干。
2. 鱿鱼中卷洗净，去除内脏后切成段状，放入沸水中汆烫至熟后捞起；虾仁挑去肠泥洗净，放入沸水中汆烫至熟后捞起，备用。
3. 热锅，放入奶油融化后，放入洋葱末、蒜片、芹菜末、牛奶及所有调料炒匀。
4. 再加入烫软的白菜块、白萝卜片及烫熟的鱿鱼中卷段和虾仁，共同煮至沸腾后，加入面粉拌匀。
5. 再全部移入烤盘中，撒上奶酪丝，放入烤箱，以上火250℃烤至奶酪融化、表面金黄即可。

培根小圆白菜

材料
培根2片，小圆白菜300克，大蒜3瓣，
色拉油2大匙

调料
盐、鸡精各1/2小匙，米酒1大匙，水2大匙

做法
1. 将小圆白菜洗净、切块，备用。
2. 培根切小片；大蒜拍扁切末，备用。
3. 热锅，放入色拉油、蒜末、培根爆香。
4. 再放入小圆白菜块炒数下，最后加入所有调料快炒至入味即可。

腐乳圆白菜

材料
圆白菜300克，蒜末1/2茶匙，姜丝10克，
辣椒末5克，色拉油2大匙

调料
豆腐乳2块，白糖1/4茶匙，黄酒1茶匙，水1大匙

做法
1. 将所有调料压成泥状并混合均匀，备用。
2. 圆白菜洗净后切小块，再泡入清水中，待要炒时捞出沥干，备用。
3. 热锅，加入2大匙色拉油，放入蒜末、姜丝炒香，再加入圆白菜块，以大火快炒约2分钟，续加入调料泥、辣椒末炒匀即可。

虾皮炒圆白菜

材料

圆白菜	350克
虾皮	5克
蒜末	5克
胡萝卜片	15克
色拉油	1大匙

调料

盐	1/4小匙
鸡精	少许
米酒	1小匙
黑胡椒粉	适量

做法

1 圆白菜洗净、切小片，备用。

2 锅烧热，倒入1大匙色拉油，放入蒜末和虾皮爆香，再放入圆白菜片、胡萝卜片及所有调料翻炒均匀即可。

美味应用 用虾皮炒菜相当方便，而且价格比虾米、樱花虾便宜许多，是既便宜又便利的配料。

干贝芥菜

🥬 材料

芥菜	1棵
金针菇	1/2把
胡萝卜	50克
姜	15克
干贝	2个
水淀粉	适量
水	380毫升

🧂 调料

酱油	1大匙
米酒	1大匙
香油	1小匙
鸡精	1小匙
盐	少许
白胡椒	少许

🍳 做法

1. 将芥菜切去根部后洗净，再放沸水中汆烫过水，捞起沥干后放入盘中，备用。

2. 金针菇去根后洗净；胡萝卜削去外皮后洗净切丝；姜洗净切丝，备用。

3. 将干贝泡入冷水中约30分钟至泡发，取出剥丝。

4. 取炒锅，加入所有调料、水与洗净的金针菇、胡萝卜丝、姜丝，以中火煮开后，加入泡软的干贝丝，再以水淀粉勾薄芡。

5. 最后淋在烫熟的芥菜上即可。

美味应用　在做这道菜时，想要节省成本但又不失美味，可以选择较小块的干贝或是直接购买干贝丝，因为干贝越大块越贵，而且盒装干贝价格更高，但大小其实不影响美味。

枸杞菠菜

材料
菠菜300克，枸杞子少许

调料
水、酱油各3大匙，白糖1小匙，香油少许

做法
① 菠菜洗净，放入沸水中汆烫至熟后，捞出放入冷开水中泡凉，备用。
② 热锅，加入水、酱油、白糖拌匀，再加入枸杞子煮开成调味汁，备用。
③ 将泡凉后的菠菜挤干，切段排盘，淋上调味汁及香油即可。

菠菜炒猪肝

材料
菠菜200克，猪肝100克，大蒜2瓣，辣椒1个，色拉油2大匙

调料
盐、鸡精、淀粉各适量，米酒适量

做法
① 菠菜洗净切段；大蒜洗净切末；辣椒洗净切片；猪肝洗净切薄片，泡冷水约20分钟后，捞起沥干。
② 将沥干的猪肝用米酒、淀粉抓匀，再入沸水中稍汆烫，即可捞起，备用。
③ 热锅，加入2大匙色拉油爆香蒜末，再放入汆烫过的猪肝、菠菜段快炒，起锅前加入辣椒片和所有调料拌匀即可。

美味应用　菠菜含有丰富的铁，炒菠菜时一定要记得以大火快炒，这样才能保住菠菜的营养成分和滑嫩新鲜的口感。

水莲炒牛肉

材料
水莲300克，牛肉片150克，大蒜3瓣，
红辣椒1/3个，色拉油1大匙

调料
酱油1大匙，米酒、香油各1小匙，
盐、白胡椒粉各少许

做法
1. 将水莲洗净后切成小段，再泡入冷水中；
   牛肉片切条；大蒜与红辣椒均洗净切成片
   状，备用。
2. 取炒锅，先加入1大匙色拉油烧热，再加入
   牛肉条炒香，炒至牛肉条肉色变白后，加
   入蒜片和红辣椒片，再以大火翻炒均匀。
3. 续加入处理好的水莲段和所有调料，一起
   翻炒均匀，即可盛盘。

大豆苗炒肉丝

材料
大豆苗200克，猪肉150克，姜15克，
大蒜2瓣，色拉油1大匙

调料
酱油、香油、米酒各1小匙，
盐、白胡椒粉各少许

做法
1. 大豆苗挑去老梗后，泡入冷水中洗净；姜、
   猪肉均洗净切丝；大蒜洗净切片，备用。
2. 取炒锅，加入1大匙色拉油烧热后，加入姜
   丝、猪肉丝和蒜片，以中火爆香后，加入大
   豆苗炒匀。
3. 续加入所有调料，翻炒均匀至材料入味，
   即可盛盘。

彩椒炒肉片

材料

猪肉	200克
红甜椒	1个
黄甜椒	1个
葱	20克
大蒜	2瓣
姜	10克
色拉油	1大匙

腌料

淀粉	1小匙
酱油	1小匙
香油	1小匙

调料

酱油	1小匙
番茄酱	1大匙
米酒	1大匙
鸡精	1小匙
香油	1小匙

做法

1. 先将猪肉洗净切片，再加入所有腌料拌匀腌制约20分钟，备用。
2. 将红甜椒、黄甜椒分别洗净去籽后，切成块状；葱、大蒜、姜都洗净切成片状，备用。
3. 取炒锅，加入1大匙色拉油烧热后，加入腌好的猪肉片，以中火炒至肉色变白。
4. 再加入葱片、蒜片、姜片，以中火爆香。
5. 续加入红甜椒块、黄甜椒块翻炒均匀，接着加入所有调料，以大火炒匀即可。

土豆焗烤虾仁

🍲 材料

土豆	1个
虾仁	100克
洋葱	80克
胡萝卜	50克
葱	10克
欧芹	适量
色拉油	1大匙
奶酪丝	少许

🍶 调料

面粉	1大匙
奶油	1大匙
牛奶	50毫升
盐	少许
黑胡椒粉	少许

🍴 做法

1. 先将土豆以菜瓜布洗净外皮，再放入沸水中煮约五成熟后捞起。

2. 将煮熟的土豆对切，挖掉中间部分肉，留有一个小空心；虾仁洗净切丁；洋葱、胡萝卜、葱和欧芹均洗净切碎，备用。

3. 取炒锅，加入1大匙色拉油烧热后，加入虾仁丁、洋葱碎、胡萝卜碎和葱碎，以大火翻炒均匀，续加入所有调料翻炒至稠状，即为馅料，备用。

4. 将馅料放在土豆的小空心内，再铺上少许奶酪丝。

5. 接着放入烤箱中，以200℃烤15分钟至奶酪丝融化、土豆松软，最后撒上欧芹碎即可。

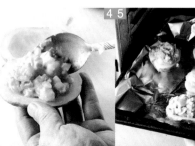

肉丝炒桂竹笋

🍲 **材料**
桂竹笋200克，猪肉丝80克，蒜末1/2茶匙，
水100毫升，色拉油适量

🧂 **腌料**
盐1/4茶匙，淀粉1/2茶匙

🥢 **调料**
豆酱1大匙，酱油1.5茶匙

📋 **做法**

❶ 桂竹笋洗净切段，备用。

❷ 猪肉丝加入腌料拌匀，稍腌制备用。

❸ 热锅，加入适量色拉油，放入蒜末炒香，
再加入猪肉丝炒至肉色变白后，续加入豆
酱略炒，接着加入水及酱油、桂竹笋段，
以小火煮至汤汁收干即可。

辣味笋尖

🍲 **材料**
笋尖300克，猪肉馅100克，蒜末10克，
红辣椒片5克，水淀粉少许，色拉油2大匙

🥢 **调料**
辣豆瓣酱2大匙，盐、白糖各少许，水少许，
米酒1小匙，鸡精1/4小匙

📋 **做法**

❶ 笋尖洗净，放入沸水中氽烫，捞出备用。

❷ 取锅烧热后，倒入2大匙色拉油，加入蒜末
爆香后，放入猪肉馅炒散，续加入辣豆瓣
酱炒香。

❸ 再放入红辣椒片、剩余调料及氽烫过的笋
尖，一同翻炒入味后，加入水淀粉勾芡即可。

美味应用
笋尖吃起来要脆，就必须先氽烫再
炒，炒的时候要先将猪肉馅和辣豆瓣酱
炒香，再下笋尖，避免将笋尖炒出水
后，无法快速炒出香味。

客家焖笋

材料
酸笋丝150克，猪肉骨200克，老姜30克，红辣椒1个，水1500毫升

调料
盐、白糖各1/4茶匙

做法
1. 酸笋丝切段，用清水洗净后氽烫、再洗净，重复此步骤并换水3次，备用。
2. 猪肉骨氽烫后洗净；老姜洗净拍碎；红辣椒洗净切小段，备用。
3. 取汤锅，放入所有材料及调料，以大火煮沸后，转小火续煮约3小时即可。

百合炒芦笋

材料
小芦笋200克，百合50克，大蒜2瓣，红甜椒、红辣椒各1/3个，色拉油1大匙

调料
酱油、香油各1小匙，鸡精1小匙，米酒1大匙

做法
1. 先将小芦笋切去老梗，再切成小段状后洗净，备用。
2. 百合掰开洗净；红甜椒洗净、去籽、切块；大蒜与红辣椒均洗净切片，备用。
3. 取炒锅，加入1大匙色拉油烧热后，放入大蒜片和红辣椒片爆香，再加入红甜椒块、小芦笋段和百合，以中火翻炒均匀。
4. 最后加入所有调料，翻炒至食材均匀入味即可。

白果炒碧玉笋

🍲 **材料**

碧玉笋	250克
白果	50克
大蒜	2瓣
枸杞子	1小匙
色拉油	1大匙

🧂 **调料**

酱油	1小匙
香油	1小匙
盐	少许
白胡椒粉	少许

📋 **做法**

❶ 将碧玉笋洗净，切成小段状；白果洗净；大蒜切成片状，备用。

❷ 取炒锅，加入1大匙色拉油烧热后，放入蒜片爆香，再加入白果和碧玉笋段，以中火翻炒均匀。

❸ 续加入所有调料与枸杞子，一起翻炒至入味即可。

美味应用　白果营养较高，餐馆中加了白果的菜往往价格会高些。其实在家也可以用成本价做出既美味又营养的餐馆菜。选购白果时，可以选择中间的芯未被处理的白果，买回家自己处理比直接买处理好的便宜许多。

素炒什锦丝

📋 材料

豆干丝	20克
干黄花菜	10克
豆芽	20克
黑木耳丝	15克
胡萝卜丝	30克
竹笋丝	20克
姜末	1/2茶匙
色拉油	2大匙

🧂 调料

盐	1/2茶匙
香油	1茶匙

📖 做法

❶ 将豆干丝、豆芽、黑木耳丝、胡萝卜丝、竹笋丝分别洗净、沥干；干黄花菜用水泡软，洗净备用。

❷ 热锅，放入2大匙色拉油爆香姜末，再加入洗净的豆干丝、黄花菜、豆芽、黑木耳丝、胡萝卜丝、竹笋丝及所有调料，以小火炒约5分钟即可。

美味应用　将材料切得大小、粗细差不多，炒时才会同时熟透。炒好的什锦丝除了可以配饭吃外，还可以用春卷皮包着食用，很美味。

家乡炖菜

材料
洋葱、西芹、南瓜各50克，茄子100克，
红甜椒、黄甜椒各20克，土豆300克，
白萝卜30克，水2000毫升，橄榄油1大匙

调料
盐1小匙

做法
1. 将红甜椒、黄甜椒洗净，去蒂及籽后切块；
   洋葱、土豆、白萝卜、南瓜均洗净、去皮、
   切块；茄子和西芹均洗净切块；备用。
2. 热锅，倒入橄榄油，加入洋葱块与西芹块，
   以小火炒出香味，再加入红甜椒块、黄甜椒
   块、土豆块、白萝卜块、南瓜块和茄子块翻
   炒均匀，加水改中火煮开后，转小火炖煮至
   土豆块软烂，加盐调味即可。

素鱼翅羹

材料
素鱼翅、胡萝卜各50克，金针菇1/2把，
芹菜约50克，水500毫升

调料
素蚝油、香油各1小匙，白糖1小匙，
盐、白胡椒粉各少许

做法
1. 先将素鱼翅放入冷水中浸泡约20分钟，备
   用；胡萝卜洗净、去皮、切丝；金针菇去
   须根、洗净、切段；芹菜洗净切成碎状，
   备用。
2. 取汤锅，加入所有调料（香油除外）与水
   以大火煮开，再加入胡萝卜丝、金针菇段
   续煮约5分钟。
3. 起锅前，加入泡软的素鱼翅拌匀，再撒上
   芹菜碎、淋入香油即可。

蚝油芥蓝

材料

芥蓝300克，辣椒1个，葱花适量

调料

蚝油、水各2大匙，白糖1小匙，水淀粉适量，香油少许

做法

1. 芥蓝洗净，放入沸水中氽烫至熟后，捞出放入冷开水中泡凉；辣椒洗净切末，备用。
2. 将蚝油、水、白糖一同煮开后，以水淀粉勾芡，再淋上香油，即成酱汁。
3. 将泡凉的芥蓝沥干后，淋上酱汁，再撒上辣椒末及葱花即可。

美味应用

芥蓝梗部较硬，烹煮前可先切去头尾，并剥去老茎，使口感较佳。

芥蓝蟹味菇

材料

芥蓝200克，蟹味菇1盒（约180克），葱段10克，胡萝卜片适量，水淀粉适量，大蒜1瓣，姜末少许，色拉油1大匙

调料

蚝油1大匙，米酒1小匙，白糖1小匙，鸡精少许，香油少许，水1碗

做法

1. 芥蓝洗净，入沸水中氽烫后捞起沥干，排盘备用；大蒜切末，备用。
2. 热锅，加入1大匙色拉油，爆香蒜末、姜末后，放入所有调料（香油除外）煮开，再放入蟹味菇、葱段、胡萝卜片再次煮沸，最后以水淀粉勾芡，起锅前洒上香油。
3. 全部淋在烫熟的芥蓝上即可。

苋菜吻仔鱼羹

材料

苋菜	500克
吻仔鱼	100克
红辣椒片	15克
大蒜	15克
色拉油	适量
水	300毫升

调料

盐	1小匙
白糖	1/2小匙
鸡精	1/2小匙
米酒	1大匙
胡椒粉	1/4小匙
香油	1大匙
水淀粉	适量

做法

1. 苋菜洗净切段；吻仔鱼洗净沥干；大蒜切成米粒状，备用。
2. 热锅，倒入色拉油，放入大蒜粒、红辣椒片爆香。
3. 再加入水稍翻炒，续加入盐、白糖、鸡精、米酒、胡椒粉拌匀。
4. 接着加入苋菜段、吻仔鱼拌匀，最后以水淀粉勾芡、洒上香油即可。

美味应用 苋菜和吻仔鱼都是营养丰富的食材，也是餐馆的人气菜肴。在做这道菜时，吻仔鱼是用来提鲜的，用量不需要太多。

尖椒镶肉

📋 材料

尖椒	10个
猪肉馅	130克
荸荠	3个
大蒜	2瓣
香菜	适量
红辣椒丝	适量
色拉油	适量

🍶 调料

酱油	1小匙
香油	1小匙
淀粉	1小匙
盐	少许
白胡椒粉	少许

🍳 做法

1. 先将尖椒切去头部，再将中心的辣椒籽以筷子挖除，洗净备用。
2. 将荸荠去皮洗净后切成碎末状；大蒜与香菜都洗净切成碎末状。
3. 取一个容器，加入荸荠碎、大蒜碎、香菜碎、猪肉馅和所有调料，混合搅拌均匀成内馅，将内馅稍微摔打出筋，备用。
4. 将搅拌均匀的内馅慢慢地塞入尖椒内，整条尖椒要被完全填满。
5. 将填有内馅的尖椒放入油温约190℃的油锅中，炸至表面略呈金黄色后即可盛盘，最后摆上红辣椒丝装饰即可。

焗烤西蓝花

📋 材料
西蓝花200克，菜花150克，小胡萝卜20克

🫙 调料
蛋黄酱50克，蛋黄20克

🍴 做法
1. 西蓝花、菜花均洗净沥干，切成小朵状；小胡萝卜洗净沥干。将前述材料放入沸水中，汆烫至熟后，捞起沥干，备用。
2. 所有调料混合拌匀后，装入挤花袋中。
3. 将汆烫后的西蓝花、菜花、小胡萝卜排入焗烤容器中，取挤花袋中的调料，以画线条的方式挤在食材上，再放入预热烤箱中，以上火250℃、下火100℃烤约5分钟至表面略呈金黄即可。

美味应用 焗烤不一定要用奶酪丝，只需要将蛋黄酱与蛋黄调匀，就能变成简单的焗烤淋酱，烤出来的菜品同样金黄可口。

蟹肉西蓝花

📋 材料
西蓝花280克，蟹腿肉20克，大蒜2瓣，胡萝卜片5片，蛋清35克，色拉油1大匙

🫙 调料
盐、胡椒粉各少许，香油少许

🍴 做法
1. 将西蓝花洗净后切成小朵状，入沸水中快速汆烫约1分钟，再捞出放入冰水里冰镇一下，备用。
2. 大蒜切片；胡萝卜去皮洗净切丝；蟹腿肉洗净放入沸水中汆烫过水后捞出，备用。
3. 热锅，倒入色拉油，爆香蒜片、胡萝卜丝，再加入冰镇后的西蓝花与汆烫过的蟹腿肉，一起快速翻炒均匀，最后加入所有调料与蛋清炒匀即可。

沙茶肉馅炒玉米

材料

猪肉馅	20克
罐头玉米粒	1小罐
红甜椒	15克
色拉油	2茶匙

调料

酱油	1茶匙
白糖	1/4茶匙
沙茶酱	1大匙

做法

1. 红甜椒洗净切丁；玉米粒洗净沥干，备用。
2. 热锅，放入2茶匙色拉油，先将猪肉馅炒至肉色变白后，再加入玉米粒及所有调料，以小火炒约2分钟后，加入红甜椒丁快速炒匀即可。

> **美味应用**　玉米上市是有季节性的，当玉米价格较便宜时，可以购买新鲜玉米，回家剥玉米粒；当玉米价格较高时，可以购买罐头玉米粒，一样鲜甜美味。

玉米笋炒甜豆

材料

玉米笋	100克
甜豆	100克
红甜椒	20克
水	2大匙
色拉油	1大匙

调料

盐	1/2茶匙
鸡精	1/4茶匙

做法

1. 将甜豆摘去蒂头、老丝后洗净；玉米笋洗净、斜刀对切；红甜椒洗净、切条，备用。
2. 热锅，加入1大匙色拉油，再加入玉米笋和水一同炒匀。
3. 然后加盖焖煮约3分钟后，加入所有调料、红甜椒条、甜豆炒2分钟即可。

黄瓜脆瓜盅

🥗 材料

大黄瓜	1条
猪肉馅	250克
瓜仔肉	200克
荸荠	2个
大蒜	2瓣
香菜	适量
蛋清	35克

🍶 调料

酱油	1小匙
香油	1小匙
盐	少许
白胡椒粉	少许
淀粉	1大匙

📋 做法

1. 将大黄瓜洗净去皮后，切成适当大小的圆块状，再将中间挖空，洗净备用。
2. 荸荠去皮洗净切碎；大蒜与香菜均洗净切碎，备用。
3. 取一个容器，将瓜仔肉拧干后放入，再放入荸荠碎、大蒜碎、香菜碎、猪肉馅、蛋清和剩余调料，搅拌均匀成内馅，备用。
4. 将搅拌均匀后的内馅摔打至有黏性，再塞入大黄瓜圆块中（将黄瓜填满即可），即为黄瓜盅。
5. 取做好的黄瓜盅放入蒸笼内，以中大火蒸约15分钟至内馅和大黄瓜皆熟即可。

金针菇炒黄瓜

🍃 **材料**

金针菇150克，茭白50克，小黄瓜1条，辣椒1/2个，葱10克，香菜少许，色拉油1大匙

🫙 **调料**

味啉1茶匙，盐少许

🍲 **做法**

1 金针菇切去根部后洗净；茭白剥去外皮后洗净、切片，备用。

2 辣椒洗净、切长片；葱洗净、切段；小黄瓜洗净、对切后切长片，备用。

3 热锅，倒入1大匙色拉油，放入辣椒片和葱段爆香，再放入茭白片、小黄瓜片以中火炒香。

4 接着加入金针菇、味啉和盐，一起翻炒均匀后盛盘，最后加入香菜装饰即可。

奶油烤金针菇

🍃 **材料**

金针菇400克

🫙 **调料**

奶油1大匙，盐1/4小匙

🍲 **做法**

1 金针菇洗净后切去根部，备用。

2 取一烤盘，放入洗净的金针菇及所有调料，备用。

3 将烤箱预热至180℃后，放入烤盘，烤约3分钟后即可取出。

美味应用 可在超市购买综合什锦菇，一盒内有多种菇类，方便取用。一般有鲜香菇、秀珍菇、金针菇、杏鲍菇、蟹味菇等。

姜烧南瓜

材料

带皮南瓜200克，鲜香菇5朵，老姜20克，色拉油3大匙，水5大匙

调料

盐1茶匙，鸡精1/4茶匙

做法

1. 南瓜洗净，切2厘米厚的片状，备用。
2. 老姜去皮、切末；鲜香菇洗净、斜刀对切，备用。
3. 热锅，加入色拉油，再加入南瓜片与盐，以小火炒1分钟后加水，炒至南瓜以筷子可插入的软度后，放入姜末、香菇片及鸡精，继续以小火炒1分钟即可。

> **美味应用** 南瓜是四季皆宜的蔬菜，也是健康的金色蔬菜，想要便宜吃、养好身，选南瓜就对了。

肉馅炒南瓜

材料

去皮南瓜150克，猪肉馅50克，洋葱20克，蒜末1/2茶匙，水5大匙，色拉油2大匙

调料

盐、鸡精各1/2茶匙，胡椒粉1/4茶匙，香油1茶匙

做法

1. 南瓜切粗条后洗净；洋葱洗净切小丁，备用。
2. 热锅，加入2大匙色拉油，放入蒜末、猪肉馅炒1分钟至炒散后，再放入南瓜条，以小火炒约3分钟。
3. 接着加入洋葱丁、水和所有调料，一同炒3分钟即可。

杏鲍菇炒茭白

材料
杏鲍菇250克，茭白150克，青豆30克，
色拉油1大匙

调料
盐、鸡精各少许，水1大匙

做法
1. 杏鲍菇洗净、切块，备用。
2. 茭白剥去外皮后洗净、切长块。
3. 热锅，倒入1大匙色拉油烧热至约80℃后，
   放入杏鲍菇块、茭白块及青豆，以中火快
   炒均匀。
4. 再于锅内加入水、盐和鸡精，一起翻炒均
   匀至汤汁收干即可。

三杯杏鲍菇

材料
杏鲍菇400克，姜20克，大蒜3瓣，罗勒适量，
红辣椒丝少许，麻油2大匙

调料
酱油、米酒各1大匙，盐、白胡椒粉各少许

做法
1. 先将杏鲍菇洗净，再切成滚刀块，备用；
   姜与大蒜均洗净切片；罗勒洗净，备用。
2. 取炒锅，加入2大匙麻油烧热后，加入姜
   片，以小火慢慢煸香并稍微炒干。
3. 续加入蒜片、杏鲍菇块，以中火翻炒均
   匀，接着加入所有调料翻炒均匀，起锅前
   放入罗勒和红辣椒丝略炒即可。

彩椒蟹味菇

📋 **材料**
蟹味菇150克，红甜椒、黄甜椒各1/2个，
葱10克，水1大匙，色拉油2大匙

🧂 **调料**
盐少许

🍳 **做法**
① 将蟹味菇切去根部后洗净，备用。
② 将红甜椒、黄甜椒分别洗净后去籽，再切
　 长块；葱洗净切小段，备用。
③ 热锅，倒入2大匙色拉油烧热后，放入葱段
　 爆香，再加入蟹味菇、红甜椒块、黄甜椒
　 块，以中火快炒均匀。
④ 接着加入水和盐，一起翻炒至汤汁收干，
　 即可盛盘。

枸杞烩蟹味菇

📋 **材料**
蟹味菇1盒，胡萝卜50克，大蒜2瓣，葱10克，
色拉油1大匙

🧂 **调料**
枸杞子1大匙，盐、白胡椒粉各少许，香油1小匙，
白糖1小匙

🍳 **做法**
① 将蟹味菇洗净去蒂，备用；胡萝卜削去外
　 皮后洗净切片；大蒜洗净切片；葱洗净、
　 切小段，备用。
② 取炒锅，加入1大匙色拉油烧热后，放入蒜
　 片、胡萝卜片以中火爆香，再加入蟹味菇
　 翻炒均匀。
③ 续加入所有调料（香油除外），再以中火
　 翻炒均匀至材料入味，最后放入葱段、洒
　 上香油即可。

椒盐香菇

材料
鲜香菇200克，胡椒盐适量，色拉油适量

炸粉
鸡蛋1个，淀粉2大匙，盐、地瓜粉各1/4小匙，水1大匙

做法
1. 将炸粉材料混合拌匀，备用。
2. 鲜香菇洗净沥干，每朵分切成四等份。
3. 将香菇朵均匀沾上混匀的炸粉，备用。
4. 取锅，加入适量色拉油烧热至200℃后，加入沾有炸粉的香菇朵，炸至外观呈金黄色后盛入盘中。
5. 食用时可搭配胡椒盐。

XO酱炒萝卜糕

材料
萝卜糕350克，葱20克，大蒜3瓣，红辣椒1/2个，面粉少许，色拉油1大匙

调料
XO酱2大匙，盐、白胡椒粉各少许

做法
1. 先将萝卜糕切成正方形小块状，再均匀地裹上面粉，放入油温约190℃的油锅中，炸至表面呈金黄色且定型后，捞出沥油，备用。
2. 葱洗净切碎；大蒜与红辣椒都洗净切成片状，备用。
3. 取炒锅，加入1大匙色拉油烧热后，放入葱碎、蒜片与红辣椒片，以中火爆香，再加入炸好的萝卜糕与所有调料，以中火续炒均匀即可。

美味应用　XO酱因为加了干贝，本身就是价格较高的酱料，所以在做这道菜想要节省成本，可以另外加入香油，让香油与XO酱的比例为1:3，不仅可以节省XO酱的用量，而且不影响口感。

麻婆豆腐

材料
豆腐300克，猪肉馅30克，花椒油1大匙，
蒜末、红辣椒末各1/4小匙，水200毫升，
香菜末、葱花各1/2小匙

调料
酱油1小匙，白糖、辣椒酱各1小匙

做法
1. 豆腐切小丁，备用。
2. 取锅，加入花椒油烧热，放入蒜末、红辣椒末和猪肉馅炒香后，加入豆腐丁、水和所有调料，以小火煮约3分钟，最后加入香菜末和葱花翻炒均匀即可。

家常豆腐

材料
老豆腐200克，色拉油适量，水200毫升，
竹笋片、洋葱片、猪肉丝各30克，
胡萝卜片、小黄瓜片、红辣椒片各20克

调料
甜面酱1大匙，辣豆瓣酱、白糖各1/2大匙

做法
1. 老豆腐洗净、沥干、切三角块，备用。
2. 取锅，加入半锅色拉油，烧热至180℃，放入老豆腐块炸酥，捞起沥油。
3. 另取锅，加入少许油烧热，放入红辣椒片、洋葱片、猪肉丝、竹笋片和胡萝卜片炒香，再加入所有调料、水和炸过的老豆腐块，以小火共煮约5分钟后，加入小黄瓜片翻炒均匀即可。

美味应用 豆腐本身就是既营养又便宜的食材，所以不妨买回家自己炸，炸豆腐的油还能再用来炒菜，一举两得。

老皮嫩肉

材料

老豆腐	3块
葱	20克
姜	25克
红辣椒	1个
大蒜	6瓣
罗勒叶	适量
色拉油	适量
面粉	1杯

调料

酱油	3大匙
香油	1小匙
米酒	3大匙
水淀粉	少许

做法

1. 老豆腐洗净切成小块状，表面沾上面粉；葱洗净切段；姜、红辣椒均洗净切片；大蒜、罗勒叶分别洗净，备用。

2. 起锅，倒入半锅色拉油烧热至油温约190℃时，加入沾有面粉的老豆腐块炸至外观金黄，捞起沥油，盛盘。

3. 另起锅，加入少许色拉油烧热，放入葱段、姜片、红辣椒片和大蒜，以中火慢慢爆香，再加入所有调料翻炒，待汤汁呈浓稠状时，淋至炸好的老豆腐块上，最后以罗勒叶装饰即可。

美味应用　新手制作老皮嫩肉，建议选用老豆腐，因为老豆腐易定型。另外，在炸豆腐时，要用锅铲不时地翻动豆腐，因为豆腐只有受热均匀，炸出来才会好看。有了实战经验后，可用口感软嫩的嫩豆腐代替老豆腐，味道更美。

鸡家豆腐

📋 材料

冻豆腐	300克
去骨鸡腿	1只（约200克）
葱	20克
姜	10克
红辣椒	1个
色拉油	适量
高汤	200毫升

🧂 腌料

淀粉	1小匙
盐	少许
米酒	1大匙

🧂 调料

海山酱	1小匙
蚝油	1/2大匙
冰糖	1小匙
鸡精	1/2小匙
水淀粉	适量
香油	少许

📖 做法

① 去骨鸡腿肉洗净、切小块，与所有腌料拌匀，腌制15分钟至入味后，再放入热油锅中迅速过油使肉质紧实，捞起沥油，备用。

② 葱洗净切粒，分切成葱白与葱绿；冻豆腐切小块；姜洗净切末；红辣椒洗净切丁，备用。

③ 热锅，倒入2大匙色拉油，放入葱白、姜末、红辣椒丁以中火爆香，再放入冻豆腐块稍翻炒。

④ 接着放入高汤、所有调料（水淀粉、香油除外）和过油后的去骨鸡腿肉块，翻炒至汤汁略收干时，放入葱绿，再以水淀粉勾芡，最后淋上少许香油即可。

美味应用 这道鸡家豆腐使用的冻豆腐，也可以用其他豆腐取代。如果担心把豆腐煮碎，可以在豆腐入锅之前，放入盐水中煮20分钟，这样豆腐就不易煮碎且风味仍在。

鸡粒豆腐煲

材料

鸡胸肉	80克
老豆腐	1块
黑木耳	15克
胡萝卜丁	1茶匙
葱花	1茶匙
蒜末	1/2茶匙
水	5大匙
水淀粉	2茶匙
色拉油	1大匙

腌料

盐	1/4茶匙
米酒	1/2茶匙
淀粉	1/2茶匙

调料

蚝油	2茶匙
盐	1/4茶匙
白糖	1/8茶匙

做法

① 将老豆腐切成长宽高为2厘米的立方小丁；黑木耳泡发洗净后切小丁，备用。

② 鸡胸肉洗净切丁，加入所有腌料拌匀腌制10分钟，备用。

③ 热锅，加入1大匙色拉油，放入鸡胸肉丁及蒜末炒至肉色变白。

④ 再加入水、胡萝卜丁、所有调料及老豆腐丁、黑木耳丁，共煮约3分钟至沸腾后，以水淀粉勾芡拌匀，起锅前撒上葱花即可。

豆腐黄金砖

材料

老豆腐	2块
猪肉馅	150克
虾仁	100克
大蒜	3瓣
红辣椒	1/3个
姜	15克
蛋清	35克
海苔粉	适量
酱油	适量
面粉	少许
色拉油	适量

调料

酱油	1小匙
米酒	1大匙
鸡精	1小匙
盐	少许
白胡椒粉	少许
淀粉	1小匙

做法

1. 虾仁洗净剁碎；大蒜、红辣椒和姜均洗净切碎，备用。取一个容器，放入猪肉馅、虾仁碎、大蒜碎、红辣椒碎、姜碎、蛋清和所有调料，混合搅拌均匀。
2. 将拌匀的猪肉馅摔打至有黏性，做成内馅，备用。
3. 将老豆腐切成长宽高约5厘米的立方块，再将老豆腐块中心挖出1个小洞，备用。
4. 取挖有小洞的老豆腐块，抹上面粉，再将内馅塞入老豆腐块的小洞中。
5. 将塞有内馅的老豆腐块放入油温约180℃的油锅中，炸至表面金黄且内馅熟透后，即可盛盘，最后撒上海苔粉、淋上酱油。

红烧豆腐

材料
豆腐2块，猪肉馅100克，色拉油2大匙，
葱段、辣椒片各15克，水300毫升

调料
酱油35毫升，白糖1/4小匙

做法

1. 豆腐洗净切大片，放入油温为170℃的油锅中炸约1分钟，捞出沥油，备用。

2. 热锅，加入2大匙色拉油，放入葱段、辣椒片爆香，再放入猪肉馅炒至肉色变白。

3. 接着加入酱油、白糖炒香，再加入水煮5分钟，最后放入炸过的豆腐烧煮至入味即可。

美味应用 豆腐要炸过才容易定型，可避免烧煮时豆腐破碎软烂，影响美观。

鱼香烘蛋

材料
鸡蛋3个，猪肉馅20克，蒜末1/2茶匙，
葱花1茶匙，水淀粉1茶匙，红甜椒粒1大匙，
水5大匙，色拉油3大匙

调料
蚝油、白醋各1茶匙，辣豆瓣酱1茶匙，
盐1/4茶匙，白糖1/2茶匙

做法

1. 鸡蛋打散，加少许盐拌匀，备用。

2. 平底锅放入3大匙色拉油烧热后，倒入拌匀的蛋液，煎约3分钟至蛋液凝固且两面金黄后，取出盛盘，即成烘蛋，备用。

3. 原锅留少许油，放入猪肉馅、蒜末炒1分钟，再加入水及所有调料、葱花、红甜椒粒炒匀，起锅前加入水淀粉勾芡拌匀，最后淋在烘蛋上即可（可另加香菜叶装饰）。

美味应用 烘蛋要做得蓬松完整，油温与油量很重要，油温不可高，要掌握好；油量要足够，不能过少。其次煎蛋过程中要不时转动锅面，让蛋液受热均匀。

西红柿豆腐烩蛋

材料
老豆腐	1块
西红柿	200克
洋葱	250克
鸡蛋	1个
葱花	1茶匙
蒜末	1/4茶匙
水	1/2碗
水淀粉	2茶匙
色拉油	1大匙

调料
番茄酱	1大匙
白糖	1茶匙
盐	1/2茶匙

做法
1. 老豆腐切成厚约2厘米的方块，备用。
2. 西红柿洗净切块；洋葱洗净切片；鸡蛋打散，备用。
3. 热锅，放入1大匙色拉油，将打散的蛋液以小火轻轻推炒至半熟后盛出，备用。
4. 原锅加入蒜末、洋葱片略炒，再加入水、所有调料、西红柿块、老豆腐块，以小火煮沸，接着加入水淀粉勾芡拌匀，最后放入半熟的蛋液轻轻推匀，起锅前撒上葱花即可。

美味应用

蒸蛋要滑嫩美味，打散的蛋液要先过滤才会细致，其次加上保鲜膜封口，才不会让蛋液整个膨胀起来，最后蒸的时候可于锅盖边缘放一支筷子，留一个透气孔，这样就能避免因加热过度，导致蒸蛋表面不平整的情况。

三色蒸蛋

🥢 材料

鸡蛋	3个
吻仔鱼	1大匙
三色豆	1大匙
葱花	1茶匙
水	250毫升

🧂 调料

盐	1/2茶匙
鸡精	1/4茶匙
米酒	1/2茶匙

📖 做法

1. 鸡蛋打散，边搅拌边加水搅打均匀。
2. 再加入所有调料搅拌均匀。
3. 将拌匀后的鸡蛋液过滤，去渣留汁，即为蛋液。
4. 将蛋液盛入容器内，放入吻仔鱼及三色豆，再包裹上保鲜膜封口，然后放入电饭锅蒸约10分钟后，取出撒上葱花装饰即可。